Einige Paar Worte

über

Hrn. Kammeraths Zimmermann

Schrift:

Ein Paar Worte über Hrn. Staatsrath Thaer,
in Beziehung auf Wechselwirthschaft,
Neu-Brandenburg, 1811.

Für die Nichtleser der Thaerschen Annalen besonders abgedruckt.

Berlin,
in der Realschulbuchhandlung.
1812.

Vorerinnerung.

Die Zimmermannsche Schrift geht auch unter dem Titel: Einige Bemerkungen und Nachträge zu dem ohnmaßgeblichen Bedenken über die Wechselwirthschaft vom Kammerrath Zimmermann, und hat das sehr passende Motto: Parturiunt montes et nascitur ridiculus mus.

Es hat gar keinen Zweifel, daß diese Schrift unter derjenigen Klasse, welche meine Schriften nicht lieset, das höchste Interesse errege und lauten Beifall finden werde. Damit sie jedoch, wenn sie anders will, auch etwas von meiner Seite zu erfahren, Gelegenheit bekomme; so habe ich es der Verlagshandlung gestattet, diesen Aufsatz für die Nichtleser der Annalen besonders abdrucken zu lassen.

Berlin, den 15. Februar 1812.

A. Thaer.

Es ist die Maxime jedes verständigen Wanderers, wenn ihn die Dorfhunde anklaffen, seinen geschäftigen Gang ruhig fortzugehen, ohne sich nach ihnen umzusehen. Indessen kann es seyn, daß ihm ein Köter zu nahe auf's Leib komme, und er ihm dann, fast wider Willen, mit dem Stocke übers Maul schlage. Ein solches Thier wird manchmal dadurch um so wüthiger, und er muß nun wirklich besorgen, daß er ihn in's Bein fasse oder wenigstens den Rock zerreiße. Er ist dann gezwungen, sich mit ihm einzulassen und ihn bis in seinen letzten Schlupfwinkel zu verfolgen; sollte er sich gleich dadurch einen beträchtlichen Verlust seiner Zeit und seines geschäftigen Weges zuziehen, und sich obendrein dem Anstarren und Lachen der Umstehenden aussetzen*). Jene Maxime habe

*) Wenn der Herr Verfasser S. 12 von vielen meiner Schüler sagt, sie wären solche enthusiasmirte und blinde

ich auf meiner literarischen Laufbahn gegen alle die befolgt, welche ohne irgend einen haltbaren Grund, die Sachen nicht aufklärend sondern verwirrend, gegen mich tobend auftraten. Ich würde dies ebenfalls bei der Schrift des Herrn Kammerrath Zimmermann „Bedenken über die Wechselwirthschaft" gethan, und ihrer selbst mit keinem Worte erwähnt haben, wenn er mir nicht zu nahe auf's Leib gerückt, und zwei auf meine Wirthschaft in Mögelin Bezug habende Fakta mit so schlauer Gewandheit aufgehoben hätte, daß diejenigen, welche die Verhältnisse und Umstände nicht kannten, dabei stutzen mußten. Dies war nämlich die Anzahl der ausgefahrnen Düngerfu-

---

Eiferer für mich und meine Lehre, daß sie ihre Anhänglichkeit selbst auf meine Arroganz und Rustizität erstrecken zu müssen glauben, und daß davon der von mir unterdrückte zu hart gefundene Aufsatz gegen ihn — den er jedoch nicht gesehen hat — einen konkludenten Beleg würde geliefert haben; so setzt er S 13 hinzu: „es passe nicht gut magna componere parvis: sonst würde man hier sehr gut mit dem Altvater der Landwirthe sagen können: a bove majore discit arare minor". Er wird mir folglich auch einmal erlauben, hier magna componere parvis, weil es gewiß besser paßt.

der, welche des Herzogs von Hollstein-Beck Durchlaucht aus dem Diario des Schreibers ausgezogen, ohne sich auf ihre Stärke einzulassen, und die Herr Zimmermann als eine Lüge darzustellen sucht, und dann der Mangel an Rocken, worüber ich mich im Frühjahre 1809, bei der Schilderung unsrer damaligen traurigen Lage, beklagte. Beides stand zwar mit der Wechselwirthschaft in keiner Verbindung; denn im dritten Uebergangsjahre konnte diese allein und ohne Anwendung anderer Hülfsmittel weder eine so große Düngervermehrung geben, noch gegen den, von ganz fremden Ursachen herrührenden Mangel an Rocken schützen. Es war aber der Vorwurf einer Unwahrheit und einer schlechten Wirthschaft gegen mich persönlich gerichtet, und so schlau gestellt, daß manche ihn nicht gleich durchsehen konnten. Hierdurch genöthigt, der Schrift zu erwähnen, konnte ich nicht umhin, auf die darin vorwaltende Advokaten-Strategie, in Verdrehung der Thatsachen und der Zeugen-Aussagen, im Unterschieben eines ganz anderen Sinnes, in Mißdeutung meiner Meinungen, in der Annahme ganz falscher Voraussetzungen als erwiesene Wahrheiten, u. s. w. aufmerksam zu machen; ohne mich jedoch mit der Widerlegung aller dieser, jedem kompetenten Richter von selbst auffallenden Chikanen zu befassen.

Wenn Herr Kammerrath Zimmermann mit mir auf eine gründliche Untersuchung hätte eingehen wollen, und irgend ein Anschein da gewesen wäre, daß es ihm um Wahrheit zu thun sey, und nicht darum, schwachen Lesern nur Sand in die Augen zu streuen: so würde ich mich mit Vergnügen mit ihm in eine bescheidene Diskussion eingelassen haben. Wenn er gleich S. 3 und 4 eine Beschreibung von meinem schriftstellerischen Charakter und meiner Behandlung der anders Denkenden macht, die recht pathetisch klingt; so erkennen doch meine Bekannten und das Publikum mich in keinem Zuge darin. Ich habe mich durchaus gegen anders Denkende, die gründlich, ohne Chikane, aus reiner Liebe für Wahrheit und Wissenschaft gegen bestimmte Sätze, aber nicht gegen meine Persönlichkeit auftraten, freundlich, obwohl kurz, in festem Tone erklärt; ich habe zur Kritik meiner Schriften häufig, und noch in der Vorrede zum ersten Bande meiner Grundsätze der rationellen Landwirthschaft, aufgefordert, solchen Aufsätzen einen Platz in meinen Annalen des Akkerbaues angeboten, weil sie da vor dasjenige Publikum kämen, wovor sie gehörten, und weil dann das verdrießliche Ausschreiben bei Streitschriften, um dem Leser die Sache deutlich zu machen, wegfallen könnte *).

Ich habe aber auch erklärt, daß ich mich mit keinem, der wie Rückert, Leupert und einige andere Verkappte nur zum Ritter an mir werden wolle, einlassen würde. Wer mir Sätze und Meinungen aufbürdet, an die ich nicht gedacht habe, wer mich absichtlich mißverstehet, dem kann es nicht um die Sache, dem kann es nur um Zänkerei zu thun seyn. Und dieser Fall trat hier augenscheinlich mit Herrn K. R. Zimmermann ein.

---

*) Ich habe zwar gehört, daß einigen gewisse Anmerkungen, worin ich mich gegen eine oder die andere in den Aufsätzen enthaltene Meinung erkläre, zu schneidend schienen. Dieses kann aber bei solchen Anmerkungen, wie der Herausgeber eines Journals zu machen hat, nicht anders seyn; weil sonst eine kurze Anmerkung zu einem langen Aufsatze werden müßte. Solche Anmerkungen sollen aber auch weiter nichts sagen, als daß ich mit der Meinung des Verfassers nicht übereinstimme; wobei ich aber das Urtheil, welche die richtige sey, natürlich ganz dem Leser überlasse.

Ich konnte obendrein erwarten, daß verschiedene andre, welche an die genauere Analyse jener Zimmermannschen Schrift mehr Zeit zu wenden hatten, wie ich, sie gründlich genug beantworten würden. Es sind auch drei ausführliche Wiederlegungen (außer vielen andern kürzeren in Journalen, z. B. in Andre ökonomischen Neuigkeiten und Verhandlungen, Juni-Heft 1811. S. 291) erschienen: die eine von Herrn Kähler in seinem Handbuche für den Landmann, die zuvor in den Annalen des Ackerbaues, Bd. XII. S. 204 bis 267 abgedruckt worden; die andere in der Ceres des Herrn O. A. Dr. Gericke, Bd. II. H. 1. S. 66, von einem mir bis jetzt völlig unbekannten, aber freilich sehr geschätzten Verfasser. Aus dieser werde ich mich nicht enthalten können, meinen Lesern einige Stücke auszuziehen, und sie in meinem Namen antworten zu lassen, da sie leider, weil die Ceres eingegangen ist, so wie einige andere darin enthaltene sehr schätzbare Abhandlungen, wenig in das Publikum gekommen ist. Die erste der erwähnten Abhandlungen ist sehr praktisch, und gründet sich hauptsächlich auf eigne Beobachtung und spezielle selbst gemachte Erfahrungen und Versuche; die andere ist mit bewundernswürdiger Geduld und Kaltblütigkeit geschrieben, verfolgt die Winkelzüge des Herrn K. R. Zimmermann unverrückt, und setzt den verworrenen Fragepunkt jedesmal in ein klares Licht, beruft sich mehr auf die im Hildesheimischen und Braunschweigischen allgemein anerkannten und durch unzählige Erfahrungen außer Zweifel gesetzten Thatsachen, die bei der Wechselwirthschaft in Betracht kommen, aber auch ohne Wechselwirthschaft erweißlich sind; als auf eigne Erfahrungen in der Wechselwirthschaft selbst, die Herr K. R. Zimmermann geradezu abzuleugnen sich unterstehen würde. Ich empfehle sie nochmahls einem jeden, der an dem Streite über Wechselwirthschaft Antheil nimmt.

Eine dritte Schrift ist die, welche unter dem Titel „noch einige Worte über Wechselwirthschaft von C. H. Wegner, Berlin 1811" herausgekommen ist. Dieser erwähnt Hr. K. R. Zimmermann allein am Ende der vorliegenden Schrift auf eine niederträchtige Weise gegen diese, freilich etwas zu leidenschaftliche Schrift schimpfend *), ohne

*) Herr K. R. Zimmermann sagt an mehreren Orten, ich schimpfe auf meine Gegner. Statt aller Beweise und Beispiele hat er sich S. 14 auf eins beschränkt, wo

doch das Gründliche und Wahre, was sie wirklich enthält, zu widerlegen. Sie macht öfterer aufmerksam auf den falschen Sinn, welchen Herr

er sagt: „bloß Beispiels halber verweise ich meine Leser auf den ersten Band seiner Annalen S. 389, wo er den Herrn Prediger und Inspektor Reber (Keber) zu Gerdauen für einen Erzpriester ausschilt" — nun freilich, wenn Herr K. R. Zimmermann den Amtscharakter für ein Schimpfwort nimmt, so wird er deren eine Menge in meinen Annalen finden. Damals hatte Herr Keber dieses Prädikat, wenigstens nannte er sich selbst nicht anders. Wollte ich Herrn K. R. Zimmermanns Aufhetzungen anderer gegen mich erwiedern, so hätte ich eine gute Gelegenheit dazu, wenn ich alle die Geistlichen, die in Ostpreußen und Schlesien diesen Titel führten, zu einem Injurien-Proceß gegen ihn aufforderte. Sonst weiß ich nicht, daß Schimpfen meine Sache sey, weder im Deutschen noch Lateinischen. Ob das aber schimpfen sey, wenn Herr K. R. Zimmermann alle diejenigen, welche in ihrer Meinung mit mir übereinstimmen, für meine Nachbeter, Waffengefährten, Schildknappen, für imitatorum servum pecus, bald für dii minorum gentium, bald für boves minores erklärt, will ich andern zu beurtheilen überlassen. Der Sache aber gebe ich ihren Namen, und das werde ich auch in der Folge dieses Aufsatzes thun, mag es Herr Zimmermann nehmen, wie er will.

Zimmermann mir und andern Wechselwirthen sowohl, als den angeblichen Gegnern der Wechselwirthschaft in den angeführten Stellen unterschiebt. Warum erwähnt er nun der beiden andern Schriften gar nicht, ungeachtet es nicht denkbar ist, daß sie ihm unbekannt geblieben seyn könnten? Vermuthlich weil das Gründliche und Klare durchaus seine Sache nicht ist, und er seine Anfälle lieber im Dunkel und Nebel macht. Bey der Beantwortung dieser Schriften mußte er sich auf die Sache einlassen, oder doch auf die Schrift selbst, und konnte dann die beständigen Absprünge nicht machen, wozu ihn meine seit 18 Jahren in diesem Fache geschriebenen Druckschriften, welche er in dieser Hinsicht so emsig durchstöchert hatte, besser Gelegenheit gaben. Das Schlechte seiner Sache fühlt er wohl zu gut, um sich bloß darauf einzulassen, und sucht deshalb durch beständige Seitensprünge und Finten die Aufmerksamkeit des Lesers davon abzuleiten.

Ich sehe mich nun einmal gezwungen, diese Schrift zu beantworten. Daß ich mit einem besonderen Ekel daran gehe, und die Zeit bedaure, die ich damit verbringen muß, gestehe ich ganz offenherzig, und in sofern hat Herr K. R. Zimmermann die Absicht, mir eine unangenehme Empfindung zu machen, gewissermaßen erreicht. Noch mehr bedaure ich, meine Leser mit dieser Posse unterhalten zu müssen. Indessen werde ich die Gelegenheit ergreifen, mich über einige Dinge bestimmter zu erklären, um dadurch meine Leser schadlos zu halten.

Es ist keine Ordnung und Zusammenhang in den Gedanken des Verfassers. Ein und dieselbe Materie ist an drei oder vier Stellen auseinander gestellt, und dagegen zusammengebracht, was gar nicht zusammen gehört. Ich muß also der Nummer seiner Bemerkungen folgen, will aber den Hauptpunkt, in sofern er heraus zu finden ist, herausheben; und wo in mehreren Bemerkungen über dieselbe Materie gefaselt ist, es zusammengenommen beantworten.

Auf die bloßen Luftstreiche, womit mich der Verfasser, bald nach dieser bald nach jener Seite abspringend, necken will, lasse ich mich natürlich gar nicht ein, da sie mich auf keine Weise treffen können. Deshalb habe ich über die Einleitung außerdem, was bereits gesagt ist, weiter nichts zu sagen. Jedoch will ich, um ein Beispiel zu geben, wie er meinen Sinn und Meinung zu verdrehen sucht, gleich die zu Anfange seiner Abhandlung angeführten Citate aus meinen Schriften bemerklich machen, woraus er beweisen will, daß ich mich gegen alle Theorie erklärt habe; da doch, seiner Einbildung nach, meine ganze Lehre auf Theorie beruhe. Im ersten Bande meiner englischen Landwirthschaft, S. 35, habe ich gesagt: „alle voreilige Versuche von „Systemen sind daher nur Hirngespinnste". In seiner Anführung hat er gleich weißlich das Wörtlein daher ausgelassen; denn sonst würde jeder schon gesehen haben, daß etwas vorher gesagt seyn müsse, worauf dies Bezug hat. Hier stehet nun vorher: „eine Erfahrungswissenschaft „kann sich nicht eher ausbilden, als nachdem ihr „Gegenstand empirisch schon lange betrieben, und „als Handwerk oder Kunst eine gewisse Höhe erreicht hat. Die Summe von Erfahrungen, „woraus ein wissenschaftliches Gebäude errichtet „wird, schafft nicht ein Menschenalter herbei. — „So mußte auch der Ackerbau große Fortschritte „gemacht haben, ehe er sich zur Würde einer „Wissenschaft erheben konnte". Also nicht Systeme, sondern nur voreilige erkläre ich für Hirngespinnste.

Die zweite Stelle finde ich an dem angeführten Orte nicht, will sie aber gern als von mir gesagt anerkennen, da es meine vollkommene Ueberzeugung ist.

Die dritte Stelle, aus einer Anmerkung zu Bergens Viehzucht, bezieht sich auf dasjenige theoretische Raisonnement, was oben im Texte über den Vorzug gekochter oder ungekochter Kartoffeln gesagt war, und soll keinesweges alles theoretische Raisonnement verwerflich machen. Die Sache an sich ist ganz unbedeutend. Ich wollte durch dieses Beispiel nur aufmerksam darauf machen, wie Hr. K. R. Zimmermann auf eine ähnliche Weise so viele Stellen aus meinen Schriften, besonders in seinem Bedenken über die Wechselwirthschaft angeführt habe, denen er eine ganz andre Deutung giebt, als ihnen verständiger Weise gegeben werden könnte, wenn man sie in ihrem Zusammenhange liest. Weiter werde ich mich mit dem Auspariren solcher Luftstreiche zwar nicht einlassen; doch muß ich solches noch einmal in Ansehung

der ersten Bemerkung thun.

Diese soll mir die Vorliebe zu meinen Ideen benehmen, wenigstens zu dem Systeme der Wechselwirthschaft, weil ich alles aus den Engländern genommen habe. Daß die Lehre des Fruchtwechsels von den Engländern herstamme, habe ich ja, meine ich, nur zu oft gesagt, und bin darüber von andren, z. B. von Hrn. v. Engel getadelt worden. Nun aber will Hr. K. R. Zimmermann mich in den Verdacht bringen, als maaßte ich mir selbst an, die Vortheile des Fruchtwechsels erfunden zu haben, und zwar weil ich in einer Anmerkung der rationellen Landwirthschaft Bd. I. S. 350. gesagt habe: ich sey durch Zufall auf eine Wechselung der Früchte gerathen, deren glücklicher Erfolg mir das, was ich nachmals in den Engländern darüber gefunden, so interessant gemacht hätte. Dies ist so wahr, daß ich ohne diesen Zufall gewiß nie landwirthschaftlicher Schriftsteller geworden wäre. Hr. Zimmermann will mir nun beweisen, daß dies nicht möglich sey, und zwar aus einer Stelle meiner Schriften, wo ich sage, daß ich so ziemlich alles, was über Landwirthschaft geschrieben wäre, gelesen hätte. Ich hatte aber bereits 13 Jahre lang Wirthschaft betrieben, ehe ich die Einleitung zur Kenntniß der engl. Landwirthschaft herausgab, und etwa 5 Jahre vorher kamen mir erst diesenigen englischen Schriften in die Hände, worin die Wichtigkeit jenes Fruchtwechsels ins Licht gesetzt war. Ich soll sogar den Dickson schon benutzt haben, der im Originale erst 10 Jahre nach meinem Werke über engl. Landwirth. herauskam. Was ist Absurdität, wenn das keine ist?

Wie viel ich etwa zur helleren Darstellung jener Lehren beigetragen habe, kann man aus der Vergleichung mit Dickson, der unter den Engländern am meisten systematisch ist, abnehmen.

Daß mich die Verdienste, die ich etwa haben möchte, und die Hr. Zimmermann mir zuzugestehen die Güte hat, nicht berechtigen, anders denkenden Landwirthen ein gänzliches Stillschweigen zu gebieten, versteht sich wohl von selbst. Aber wo in der Welt habe ich das wohl gethan! Daß ich aber das Verwirrung und Verdunkelung nenne, was so ist, das Recht werde ich mir nie nehmen lassen. Und ob dem wirklich so sey, das müssen andre entscheiden.

In der zweiten Bemerkung hebt Herr Zimmermann fünf Sätze heraus, die er in seinem Bedenken über die Wechselwirthschaft aufgestellt haben will, und auf deren Richtigkeit er sich etwas zu Gute thut. Ich gestehe nur dem ersten und zweiten die unbedingte Richtigkeit zu. Aber gesetzt, ich stände sie allen zu, so könnte dessen ungeachtet mein, über sein Bedenken im Allgemeinen, gefälltes Urtheil völlig wahr seyn. Denn, daß es kein so elendes Buch gebe, worin nicht etwas richtiges stände, ist längst zum Gemeinsatz geworden, hat lange genug zum Trost elender Schmierer gedient, und ich traue es Hrn. Zimmermann kaum zu, daß er ein Buch zu Stande bringen könne, worin durchaus lauter Unwahrheiten und Absurditäten stehen.

Die dritte Bemerkung sagt in der Hauptsache, daß ich mich vormals bestimmt gegen Ruhe und Brache erklärt, nun aber in den Grundsätzen der ration. Landwirthschaft ihnen eine Vermehrung der Kraft des Ackers beigemessen habe; daß ich folglich in meinen Meinungen ganz schwankend sey. — Es ist mir widrig, Sachen, worüber ich meine Meinung so klar und so bestimmt geäußert und nie geändert habe, hier nochmals wieder durchnehmen zu müssen. Aber die Verdrehungen des Hrn. V. nöthigen mich dazu.

Ich habe die nicht ursprünglich, sondern erst

in der Folge, bei den deutschen Landwirthen verworrenen Begriffe von Brache und Ruhe (zur Weide niederlegen) wieder bestimmt unterschieden, weil ihre Verwechselung ewige Mißverständnisse hervorbringen mußte; wie man aus den älteren Streitschriften über die Nützlich- und Unnützlichkeit der Brache ersiehet. Brache heißt, wie schon aus der Etymologie des Worts erhellt, der Acker nur, wenn er vorbereitend gepflügt wird. In Ansehung der Ruhe ist nur das Wort nicht passend, und ich habe es wegen des falschen Begriffes, den es mit sich führt, in diesem Sinne zu verbannen gesucht. Auf Worte scheint es zwar manchem nicht anzukommen. Das Wort Ruhe giebt aber einen falschen physischen Begriff von dem Zustande, worin sich der zur Weide niedergelegte Acker befindet, und von der Wirkung, den dieses Niederlegen auf ihn thut. Ruhe kann höchstens negativ auf seine Fruchtbarkeit wirken, indem dem Acker dabei nichts entzogen wird; vermöge der Ruhe bleibt er also wie er war. Aber seine Thätigkeit in der Graserzeugung ist es, was ihn aufhilft, wenn man das erzeugte nicht abführt, sondern es darauf läßt; es sey nun für sich selbst verfaulend oder umgewandelt im Miste

und

und Urin des Weideviehes. Jedes vom Acker erzeugte und im grünen Zustande ihm gelassene oder wiedergegebene Vegetabil vermehrt seinen Nahrungsstoff oder seine Fruchtbarkeit; denn zu dem, was es aus dem Boden genommen hat, kommt noch hinzu, was es aus der Atmosphäre und dem Wasser anzog, und in feste Substanz umwandelte. Je stärker der Acker producirt, um so stärker ist unter jener Bedingung seine Kraftvermehrung — also gerade das Gegentheil von dem, was man nach dem eigentlichen Sinne des Wortes Ruhe darunter verstehen kann. Je kräftiger also der Acker zur Weide niedergelegt, oder auf andre Art — durch Klee und Grassaamen — zu einer stärkeren Produktion genöthigt wird, desto größer ist während der Grasjahre sein Gewinn an Kraft. Wenn der Acker aber beim Niederlegen so unvermögend ist, daß er nur wenig Grashalme hervortreiben kann, so wird er auch wenig an Kraft gewinnen; obwohl man sagen kann, daß er in diesem Falle mehr ruhe. Die Kraftvermehrung von der Erzeugung und nachmaligen Fäulniß des Rasens habe ich nie geleugnet, vielmehr in allen meinen älteren und neueren Schriften an unzähligen Orten darauf hingewiesen; aber ich habe geleugnet, daß diese Kraftvermehrung von dem Nichttragen des Ackers herrühre. Daß dies nicht bloß in der Theorie, sondern auch in der Praxis einen erheblichen Unterschied mache, brauche ich wohl nicht weiter auseinander zu setzen.

Es ist gar nicht denkbar, daß Hr. Zimmermann mich nicht verstanden, und die vielen darauf Bezug habenden Stellen in meinen Schriften übersehen hätte, da er diese so emsig durchgesucht hat, um Stellen aufzufinden, aus welchen er mich des Widerspruchs und des Schwankens der Meinung beschuldigen könnte. In seinem Bedenken über die Wechselwirthschaft (welche Schrift ich jetzt nicht zur Hand habe), sagt er es selbst, daß meine Schule, wenn sie sich gegen die Ruhe auflehne, sich damit zu helfen suche, daß sie der Erzeugung des Grases eine Verbesserung des Ackers zugestände. Er sagt es, ohne doch auf irgend eine Weise zu zeigen, daß diese Vorstellung unrichtig sey. Aber wenn er in der hier angeführten Stelle aus meiner engl. Landwirthschaft Bd. I. S. 757. nur eine Zeile weiter zusetzte, so steht da: „daß ein ausgezehr„ter Acker sich etwas erholt, wenn er auch nur „kümmerliches Gras trägt, welches das Vieh „darauf verzehrt, daß die Quecken darin abster-

„ben und vermodern, wenn die Lockerheit des „Bodens aufhört, hat seine Richtigkeit. Aber „die Ruhe hilft ihm nichts, und jene Vortheile „lassen sich ohne allen Zweifel weit wirksamer „erreichen.“ — Hätte er das hinzugefügt, so würden unsre Leser gleich gesehen haben, daß er mir einen absurden Vorwurf mache. Ich habe also die Vermehrung der Kraft im Acker während des Zustandes, den man gewöhnlich Ruhe nennt, nie geleugnet; aber ich habe sie anders erklärt, und ihm deshalb mit einem andren Namen, Zur-Weide-liegen, Zu-Grase-liegen, Begrasung und Dreisch (ein alter vaterländischer und nicht unpassender Ausdruck) benannt.

Aber ich habe doch gesagt, daß es nicht die beste Benutzung eines guten Bodens sey, und habe an anderen Orten diese Wirthschaftsart wieder empfohlen. — Also was bedürfen wir weiter Zeugnisses für das Schwanken seiner Meinung! wird Hr. Zimmermann sagen. Noch mehr: in der engl. Landwirthschaft habe ich mich mehr gegen diese Art des Wechsels erklärt; in manchen späteren Schriften wieder dafür. Und dennoch versichere ich Hrn. Zimmermann, daß ich meine Meinung in diesem Stücke durchaus nicht verändert habe. Wer nur einigermaßen in den Geist eines Buchs einzudringen vermag, dem wird es nicht entgehen, daß ich in jenem Werke das Ideal der möglich höchsten Wirthschaft vor Augen hatte, was uns die Natur erreichen lassen kann; daß ich aber in andern Schriften das Ziel zuweilen nur so aufsteckte, wie es die jedesmaligen Verhältnisse, besonders in Hinsicht der arbeitenden Kräfte und des Kapitals, zu erreichen erlaubten. Eine jährige Abwechselung von Körner- und Futterkräuterbau — natürlich unter der Voraussetzung, daß das Produkt des letztern sämmtlich in der Wirthschaft gehörig benutzt werde — wird den Acker zu ungleich höherer Kraft bringen, und einen höheren Ertrag von verkäuflichen Früchten geben, als wenn er 3 bis 4 Jahre nach einander zur Weide liegt, und eben so lange wieder Körner trägt. Ein gutes dichtbestandenes Kleefeld wird, wenn sein dritter Wuchs gehörig untergepflügt worden, hiervon schon eine größere Kraft als von einer einjährigen Begrasung erlangen; aber gewiß die dreifache, wann ihm der aus dem abgemäheten Klee entstandene Mist zurückgegeben wird. Da aber die Betriebskräfte bei den mehrentheils großen Wirthschaftsarealen in den nordöstlichen Theilen von Europa zu einer solchen Wirthschaftsart nicht immer zureichen, so ist die Koppelwirthschaft, wenigstens auf einem Theile unsrer Güter — vielleicht in Verbindung mit jenem Fruchtwechsel — allerdings oft die angemessenste Art, sie zu benutzen. Sie ist es nicht absolut, aber sie ist es relativ. So habe ich längst und immer gesprochen, und es ist unmöglich, daß mich Hr. Zimmermann nicht sollte verstanden haben, wenn er nur gewollt hätte.

Ich habe als wahrscheinliche Aproximation die Wirkung eines Grasjahrs zur Verstärkung des Ackers auf gutem, nicht ganz erschöpften Gerstboden = 10 Grad oder = einem 2000pfündigen Fuder Mist angenommen, jedoch bei der genaueren Auseinandersetzung dieser Materie gesagt: daß man auf den Kraftzustand des Ackers Rücksicht zu nehmen habe, indem ein kräftiger mehr Weidegras hervorbringt als ein erschöpfter, und folglich jener mehr Zuwachs an fruchtbaren Stoffen erhalte, wie dieser. (Wird Hr. Zimmermann dies leugnen — und wenn er es zugiebt, welcher Acker ruhet dann mehr, der erstere oder der letztere?) Ich komme hier zufälliger Weise einmal mit ihm überein, denn auch er hat die Wirkung eines sogenannten Ruhejahrs = 1 bis $1\frac{1}{4}$ Fuder Mist angenommen. (Nachgeschrieben haben wir uns darin nicht;

denn der erste Band meiner ration. Landwirthschaft war zwar herausgekommen vor seinem Bedenken; aber gelesen hatte er ihn nicht, sonst hätte er unmöglich so etwas schreiben können.) Bei dieser Annahme muß er mir also Gnade widerfahren lassen, er mag wollen oder nicht.

Was nun die eigentliche Brache anbetrifft, so habe ich mich darüber so oft und so ausführlich erklärt, daß ich es hier nicht nochmals wiederholen kann. Ich halte die Brache auf jedem gebundenen Boden von Zeit zu Zeit für unumgänglich nöthig, wenn die Zwecke der Brache — Pulverung, genaue Mengung, Umwendung, Luftung und Reinigung von Unkraut — nicht auf andre Weise erreicht werden können; was aber bei einem gehörigen Hackfruchtbau allerdings möglich ist. Der Brache habe ich in Hinsicht auf Vermehrung der Fruchtbarkeit eine gleiche Wirkung, wie einer einjährigen Berasung beigemessen. Hierüber kann ich mich vielleicht noch etwas deutlicher erklären.

Wenn, wie es in manchen Gegenden gebräuchlich ist, das zu brachende Feld bis in den Julius hinein zu Grase liegt, so ist der Unterschied zwischen einem Dreischjahre nicht groß. Wird sie ein ganzes Jahr lang bearbeitet und geschieht das Pflügen und Eggen in gehörigen Zwischenzeiten, so begrünt sie mehrere Male aufs Neue, und dieser Krautwuchs hat düngende Eigenschaften, und trägt wenigstens etwas zur Vermehrung des vegetabilischen Nahrungsstoffs bei. Ob es in der Hinsicht gerade der Wirkung eines Weidejahres gleich komme, läßt sich wohl schwerlich bestimmen; denn die Brache hat als Brache die Wirkung, den im Boden befindlichen vegetabilischen Nahrungsstoff auflösbar zu machen. Daher wird nach derselben eine beträchtlich stärkere Ernte erfolgen, als ohne sie erfolgt seyn würde; allein nachmals wird der Boden auch eine größere Abnahme an fruchtbarer Materie erlitten haben, wie ohne Brache geschehen seyn würde. Dies ist nicht Hypothese, sondern Induktion aus einer großen Masse von Beobachtungen. In Wirthschaften, wo man vorher keine Brache hielt, und sie nun einführte, ohne die Düngung zu verstärken, erhielt man erstaunlich große Ernten; aber es zeigte sich (z. B. in Holstein) doch auch bald durch mancherlei Merkmale, besonders am Graswuchse, daß der Acker nicht so viele Frucht behalten hatte, als andrer Acker, worauf man die Brache noch nicht eingeführt hatte.

Ich bin mir also auch in Ansehung der Brache keiner Abänderung meiner Meinung bewußt. Kann man behackte Früchte genugsam und gehörig bauen, so wird man einen schätzbaren Acker nicht ungenutzt liegen zu lassen brauchen; kann man das aber nicht, so muß Brache, und zwar eine recht wirksame, gegeben werden.

Hr. Zimmermann rechnet mir die Veränderung meiner Meinung zuweilen zur Ehre. Ich würde ihm dafür danken, denn in der That rechne ich es mir auch so an, wenn ich sie wirklich nach zureichenden Gründen geändert habe. Aber in keinem Punkte, den er anführt, ist dies geschehen, und folglich kann ich mir sein Lob wohl nicht zueignen. Daß ich meine Meinung in manchen Stücken geändert und berichtigt habe, ist wohl sehr natürlich. Denn seit 1795 — wo der wesentliche Theil meiner engl. Landwirthschaft geschrieben, und in das hannöversche Magazin fragmentarisch eingerückt wurde — hat die Landwirthschaft in Theorie und Praxis erstaunliche Fortschritte gemacht. Die Aufmerksamkeit ist auf wesentliche Gegenstände, die man vorher fast ganz übersah, gerichtet worden. Man hat Beobachtungen und Untersuchungen angestellt, auf die vorher niemand dachte, und hat insbesondere auch die naturwissenschaftlichen Untersuchungen mehr auf den Ackerbau gerichtet, und dadurch höchst wichtige Resultate erhalten. Ich mußte wohl mit meiner Zeit fortschreiten, und bin mir bewußt, mehr auf das, was meiner geäußerten oder nicht geäußerten Meinung widersprach, als auf das, was sie bestätigte, aufmerksam gewesen zu seyn. Nur konnte ich mich freilich nicht auf jeden unbegründeten Einfall, jede anonymisch angegebene, unzähligen andern widersprechende Erfahrung, nicht auf jeden längst widerlegten ungereimten Widerspruch einlassen. Keine Erfahrungswissenschaft wird je sagen können, daß sie ihren höchsten Standpunkt erreicht habe; sie muß ihrem Wesen nach ewig fortschreitend seyn. Unsre Wissenschaft steht in diesem Augenblicke und in unsrem Vaterlande weit höher, als sie zu irgend einer Zeit, und bei irgend einer Nation jemals gestanden hat; aber eben deshalb hat es um so weniger Zweifel, daß wir Nachfolger haben werden, die auf unsre Schultern tretend weit über uns wegsehen.

Die vierte Bemerkung ist gegen die Kartoffeln oder vielmehr gegen meine Annahme ihres Ertrages, ihrer Aussaugung und ihrer Düngerproduktion gerichtet. Es ist mir lieb, mich hierüber nochmals erklären zu können, und ich werde mich hier nur auf die Sache, nicht auf Herrn Zimmermanns Verdrehung meines Sinnes in den angeführten Stellen einlassen; muß aber diejenigen Leser, die etwa ein Interesse daran fänden, auch hier zu wissen, wie Herr Zimmermann meinen Sinn verdreht, die angeführten Stellen in meinen Schriften nachzuschlagen und im Zusammenhange nachzulesen bitten.

Den Ertrag der Kartoffeln habe ich in meiner englischen Landwirthschaft zu 140 Scheffel per Morgen, aber auf einem Boden, der schon vier Rotationen der vierschlägigen Wechselwirthschaft durchgemacht hatte, bis auf 14 Zoll vertieft und durchdüngt war, meinem wirklichen Durchschnittsertrage gemäß, angenommen. Hier habe ich denselben natürlich — außer einmal im Oderbruche — noch nicht gehabt; da mein Boden noch nicht viel über 6 Zoll tief ist, und auch diese Ackerkrume, wenn Kartoffeln zum ersten Male hinkamen, noch nicht gehörig durchdüngt war. Indessen hatte ich doch in dem Jahre 1809 von dem besseren Theile des Kartoffelschlages 120 Scheffel, und im letzten Jahre 1811 wohl eben so viel, (doch kann ich es noch nicht genau angeben, indem ich in diesem Augenblicke den Flächeninhalt, der mit Kartoffeln bestellt gewesen, wegen der vielen Untermischungen von Runkelrüben und Rotabaga nicht bestimmt weiß). Die übrigen Jahre, die ich hier erlebt habe, waren seit 1806 wirklich Mißwachsjahre für die Kartoffeln, wenigstens auf trocknem Boden; aber ich habe doch in dem schlechtesten von allen, 1810, 76 Scheffel auf sandigen Boden gehabt. Ich habe in den Wirthschaftsberechnungen 80 Scheffel über die Einsaat im Durchschnitt angenommen; nicht als das, was man auf gutem Gerstboden nach einer völlig durchgeführten Rotation erwarten könne; sondern so, wie in allen, der Wechselwirthschaft günstigen Positionen, als das **Geringste**, was man sich im Durchschnitt versprechen könne; theils um den Verdacht der Uebertreibung durchaus zu vermeiden; theils weil man bei dergleichen Berechnungen immer solche Sätze annehmen muß, bei denen man in der Wirklichkeit nicht zu kurz zu kommen besorgen darf. Der Ertrag des Futterbaues ist deshalb so angenommen, daß wenn eins auch schlecht geräth, das andere es doch übertragen könne. Die Verwendung des Ueberschusses macht keine Sorge.

Was das Aussaugen der Kartoffeln und verschiedener anderer Früchte anbetrifft, so haben wir darüber freilich aoch keine entscheidende komparative Versuche, die in der That für jeden Privatmann zu mühsam und zu kostspielig wären, und nnr von vereinigten Gesellschaften oder vom Staat erwartet werden können. Wir müssen uns also an die Masse von Beobachtungen halten, die wir in großer Menge haben.

Da giebt es nun viele durchaus für kein System eingenommene Landwirthe, z. B. Herr Staudinger in Flottbeck, welche den Kartoffeln fast gar keine aussaugende Wirkung beimessen, sondern im Gegentheil eine verbessernde. Noch in dieser Stunde hat mir der Herr Regierungsrath Häse, (welcher eben ein Schreiben vom Herrn Zimmermann mit der vorliegenden Schrift erhalten hatte) versichert, daß dies nach seinen vieljährigen Erfahrungen seine vollkommenste Ueberzeugung sey, mancher anderer respektabler Zeugen nicht zu gedenken. Ich will in meiner Behauptung so weit nicht gehen; aber dies ist gewiß, daß die Kartoffeln nach Verhältniß ihrer mehligten Theile bei weitem nicht so viele Kraft aus dem Boden ziehen, als Getreide, und daß auch die Stärke ihrer Ausziehung nicht mit der Quantität ihres Ertrages im Verhältnisse stehe; daß vielmehr die folgenden Früchte, eben so wie es mit den Erbsen, Bohnen und dergleichen der Fall ist, um so besser werden, je stärker die Kartoffeln waren. Ich habe, wie ich Kartoffeln zu 140 Scheffel per Morgen, und danach Gerste, dann Klee, dann Rocken bauete, von diesen beiden Getreidefrüchten Ernten gehabt, wie sie keiner bei gleicher Düngung und gleichem Boden ohne Kartoffeln hatte. Wenn keine außerordentliche Umstände eintreten, bin ich sicher, dieses immer zu thun. Hier habe ich noch keine Rotation durchgemacht, und ich komme erst im Jahre 1814 mit den Hackfrüchten zum zweiten Male auf denselben Schlag; auch bin ich noch nicht im Stande gewesen, wegen des vielen Düngers, den ich auf das in die Hauptschläge gezogene Aussenland verwenden mußte, den Hackfrüchten acht Fuder Mist per Morgen zu geben. Mein Boden ist noch nicht vertieft und noch nicht rein — aber ich fordre jeden auf, meine Gerste- und Rockenfelder und Ernten, wenn es ihnen um wirkliche Ueberzeugung zu thun ist — sollte es auch Herr K. R. Zimmermann selbst seyn — zu untersuchen oder untersuchen zu lassen: ob nicht der Werth der Gerste- und Rockenernte zusammengenommen größer ist, als man sie auf gleichem Boden, mit gleichem Dünger und mit gleichen Kosten nach der Brache erwarten kann?

Im Jahre 1807 war auf einem Theile meines Hackfrucht-Schlages No. 2. Rotabaga gepflanzt und gesäet, die aber wegen einer ganz erstaunlichen Menge von Raupen, welche das Kraut zweimal bis in die Wurzel hinein abfraßen, völlig mißrieth. Dieser Acker konnte also, da er sehr häufig bearbeitet und ihm nichts entführt wurde, als reine Brache angesehen werden. Die Gerste stand im Jahre 1808 auf dieser Stelle wie auf den übrigen; der Rocken aber im Jahre 1811 war der schlechteste auf meiner ganzen Feldmark. Ich würde diese Beobachtung noch für entscheidender halten, wenn ich nicht gerade von dieser Stelle 2 Jahr hinter einander Kleesaamen aufgenommen hätte, worauf ich die Erschöpfung, wenigstens zum Theil, schieben muß. Ich weiß, daß viele andere ähnliche Beobachtungen gemacht haben, indem sie besseres Getreide auf Acker, der Kartoffeln getragen, als auf den, der zufällig gebracht war, hatten. Sie werden in diesen Annalen mitgetheilt werden. Indessen will ich nicht behaupten, daß dieses allgemein der Fall sey; es ist ein Gegenstand, der noch durch mehrere Beobachtungen und Versuche entschieden zu werden verdient, und ich bin nur davon überzeugt, daß die Aussaugung der Kartoffeln nicht größer ist, als ich sie angenommen habe, und durch zwei Fuder Mist einem Morgen ersetzt werde. Ueber den anscheinenden Widerspruch, den dieses der Theorie nach zu haben scheint, werde ich mich unten erklären, indem Herr Zimmermann, der sonst der Theorie so abhold ist, sich gerade hier auf das Theoretisiren einläßt.

Die fünfte Bemerkung ist gegen die Düngervermehrung nach der Meyerschen oder eigentlich meiner abgeänderten Formel gerichtet, und der Verfasser kommt da wieder auf die angegebene Fuderzahl, die im Jahre 1808 zu Mögelin ausgefahren worden. Ich kann darauf nichts antworten, als was ich gesagt habe, und wenn Herr Zimmermann Fuder von 1000 Pfund für Karren erklärt, so werden häufig in hiesigen Gegenden halbe Karren auf ein Fuder geladen; indem ich oft Fuder, die kaum 500 Pfund halten, ausfahren sehe. Für die Wechselwirthschaft ist es übrigens gleichgültig, wie viel Mist zu Mögelin im Jahre 1808 ausgefahren worden; denn diese konnte sich die Ehre einer so starken Düngervermehrung im dritten Jahre ihres Ueberganges auf keinen Fall allein beimessen. Auf die Düngererzeugung kommt er in der zwanzigsten Bemerkung wieder zurück, und da werde ich auf das antworten, was er über mein verändertes Prinzip bei der Düngerberechnung aus dem Futter sagt. Hier muß ich nur bemerken, daß wenn ich bei den Wirthschaftsberechnungen den Multiplikator 2 annehme, ungeachtet ich 2,3 für den richtigern halte, dieses nicht, wie Herr Zimmermann sagt, $\frac{1}{7}$ Unterschied, sondern nur $\frac{3}{20}$ mache. Mit dergleichen Falsificationen nimmt es Herr Zimmermann nicht so genau, wenn er glaubt, seiner Sache einem besseren Anstrich dadurch geben zu können.

Die sechste Bemerkung über den Hürdenschlag kann ich ihrem Sinne nach kaum verstehen. Er hat etwas dabei zu erinnern, daß ich es eine schwache Düngung genannt habe, wenn 1200 Schaafe in einer Nacht auf den Morgen kommen, 1800 Stück eine mäßige, und 2400 eine starke. Die angeführte Stelle ist nicht richtig. Ueber den Hürdenschlag habe ich im 2ten Bd. S. 216 u. f. gesprochen, und da steht 219 auch das angeführte Citat. „Auch diese Angabe, sagt „er, eignet sich nicht dazu, um zur sichern Unter„lage eines neuen Wirthschaftssystems gebraucht „werden zu können". — Wer hat sie denn je dazu gebrauchen wollen. Indessen ist es immer ein

ein Datum, was bei Wirthschaftsberechnungen mit in Anschlag kommen kann.

Nun sagt er mir da, in Ansehung der eintretenden Zeit- und Weideverhältnisse: „Denn was „ist nicht für ein Unterschied zwischen einem nächt„lichen Hürdenschlag im Monat Junius und Oktober?" Auf diesen Unterschied mache ich doch wohl an der angeführten Stelle aufmerksam genug. Hier klingt es aber, als ob ich ihn übersehen hätte. Allein bei der Totalberechnung kömmt es hierauf ja durchaus nicht an; denn in einer Nacht soll ja 1 Morgen nicht mit 1200, viel weniger mit 2400 Schaafen belegt werden; es soll nur daraus hervorgehen, welche Fläche mit einer gehaltenen Schaafheerde behürdet werden könne. Er meint dann aber, es sey viel zu schwach, und mit 2400 Schaafen könne in einer Nacht 1 Morgen nur sehr mäßig, und so daß man gegen Lagergetreide außer Sorgen seyn könne, behürdet werden. Freilich, wenn die Schaafe nichts im Leibe haben und auf so elenden Weiden, wie man ihnen in Mecklenburg einräumt, hungern müssen, mag das seyn; aber bei Schaafen, die sich satt fressen können, rechnet man allgemein nur 1200 Stück per Morgen bei einem gewöhnlichen Hürdenschlage.

Die siebente Bemerkung hebt so poßierlich an, daß ich diesen Anfang hierher setzen muß.

„Einige englische Schriftsteller — ob es auch „die praktischen Landwirthe gethan haben? ist eine „andere Frage — haben wohl zuerst den Schotengewächsen eine verbessernde Kraft beigelegt, „und behauptet, daß sie die Kraft des Ackers „eben so, wie eine Brache verbessern."

„In seiner Einleitung zur englischen Landwirthschaft scheint der Herr Statsrath Thaer „diesen Grundsatz als richtig anzuerkennen, indem er daselbst sagt: wir begreifen sie unter „dem Namen von Brachfrüchten, und erkennen dadurch gleichfalls an, daß sie eine der „Brache gleiche Wirkung, eine Verbesserung „des Ackers mit sich führen."

„Von unsern deutschen ältern praktischen „Wirthen hat wohl Niemand jemals an diese „angeblich verbessernde Kraft geglaubt, vielmehr haben sie die Schotengewächse wohl bloß „deshalb Brachfrüchte genannt, weil sie in „der Brache gebauet werden. Entschiede hier „der Ausdruck etwas, so müßte man dasselbe „auch von dem Flachs und Kartoffeln behaupten."

„Die neuere Schule der Wechselwirthschaft „nahm aber diesen Grundsatz, ohne weitere

„genauere Prüfung, für wahr an, und be„trachtete ihn mit als einen Grundpfeiler des „neuen Gebäudes der Wechselwirthschaft. Die „Schotengewächse sollten die Stelle der un„nützen Brache vertreten."

Ich gestehe nun, daß ich gar keinen Gedanken gehabt habe, daß irgend ein verständiger praktischer Landwirth jemals den Nutzen der Schotenfrüchte als Zwischenfrucht ableugnen könne. Engländer, Franzosen und Deutsche halten es für eine völlig ausgemachte, unbezweifelte Erfahrung, daß man bei dem Dreifeldersysteme der Brache nur dann entbehren könne, wenn man um's dritte Jahr Schotenfrüchte bauet, wogegen ein unausgesetzter Getreidebau mit Vortheil gar nicht möglich sey. Nur in Mecklenburg hat es mir geschienen, als ob einige dies verkennten, da sie ihre Erbsen in den abtragenden Schlag säen. Andere Mecklenburgische Wirthe habe ich indessen hiervon überzeugt gefunden, und sie haben mir zugestanden, daß es sehr fehlerhaft sey, wenn man bei mehreren Körnerernten nicht Erbsen dazwischen nehme. Ich will statt meiner Widerlegung das hierher setzen, was der erwähnte Aufsatz in der Ceres darüber sagt, weil er aus einer Gegend ist, wo man den Hülsenfruchtbau in der Dreifelderwirthschaft sehr stark betreibt, und wo fast das ganze Brachfeld damit besömmert wird. Die Stelle dient überhaupt zur Widerlegung dessen, was Herr Zimmermann gegen die Vortheile des Fruchtwechsels sagt.

„Der I. Abschnitt beschäftigt sich mit der Erörterung einiger Präjudicialfragen.“

„Ueber die Vortheile der Abwechselung der Getreidearten mit Futtergewächsen und Hackfrüchten.“

„Er leugnet nicht diese Vortheile im Allgemeinen; aber er glaubt, daß sie von den Wechselwirthen viel zu hoch angeschlagen sind. Wäre die vortheilhafte Einwirkung des Fruchtwechsels so bedeutend, als man gewöhnlich annimmt, so müßte nach seiner Meinung eine völlig entgegengesetzte Wirthschaftsmethode auch eben so große Nachtheile erzeugen; allein man bemerke nirgends einen so auffallenden Unterschied, wenn man gleich in einem fort allenfalls nach der Dazwischenfolge einer Brache halmtragendes Getreide baue.“

„Hat es mit dieser Behauptung wirklich seine Richtigkeit? Man betrachte einmal auf einer und derselben Feldflur, unter gleichen Verhältnissen des Düngers und der Beackerung Rocken nach Rocken, und Rocken nach einer Schotenfrucht. Wenn man im letzten Falle auf 8 bis 9 Körner Rechnung machen kann, so muß man im ersten Falle mit 4 bis 5 Körner zufrieden seyn. Der Unterschied ist ja wohl auffallend genug. Will man die elendesten Halmfrüchte sehen, man gehe nur gerades Weges dahin, wo die verkehrte Wirthschaft, mehrere Halmfrüchte unmittelbar hintereinander zu bauen, althergebracht ist. Z. E. in den Lüneburgschen und in einigen andern Gegenden der hannöverschen Lande. Selbst eine reichliche Düngung ist für sich allein nicht hinreichend, die Nachtheile aufzuwiegen, welche das unausgesetzte Bauen der halmtragenden Früchte mit sich führt, und es ist bekannt, daß diejenigen, welche in der Nähe großer Städte, mit einem Ueberflusse von kräftigem Dünger versehen, solche Versuche gemacht haben, doch endlich genöthiget worden sind, zu der Brache oder einer reinigenden Zwischenfrucht ihre Zuflucht zu nehmen, um der Verwilderung des Bodens zu steuren, und um nicht bloß Stroh, sondern auch Körner zu ernten."

„Daß ein guter Boden nach reiner Brache oder einer reinigenden Zwischenfrucht, wenn dazu gedüngt wird, zweimal hinter einander Halmfrüchte und unter gewissen Umständen reichlich trägt, das beweisen freilich die Dreifelderwirthschaften aller Länder. Nimmermehr läßt sich aber mit dem Verfasser behaupten, daß die Gerste nach Rocken jemals der Gerste nach Schoten- oder Hackfrüchten gleichkommen könnte. Der kleinste Versuch wird Jedem, der ihn anstellen will, den auffallenden Unterschied zwischen beiden sichtbar machen."

„So sehr nun aber auch die Dreifelderwirthe in den fruchtbarsten Gegenden unseres Vaterlandes darauf bestehen mögen, daß man dem Lande durch zwei auf einander folgende Halmfrüchte nicht zu viel abfordere, eben so fest bestehen sie auch darauf, daß nach diesen zwei Halmfrüchten durchaus wiederum Brache oder eine reinigende Zwischenfrucht eintreten müsse. Die Ueberzeugung von der Nothwendigkeit dieser Unterbrechung ist wenigstens in der Gegend, wo Schreiber dieses lebt, so tief eingewurzelt, daß man sich auch in der dringendsten Verlegenheit und zur Zeit der größten Noth nicht davon entfernt hat. Als daher vor einigen Jahren, zur Zeit des Kornmangels und der allgemeinen Theurung, im Reichsanzeiger vorgeschlagen wurde, daß man doch, um die bevorstehende Hungersnoth abzuwehren, das ganze Brachfeld das nächste Jahr mit Rocken besäen möchte, so erregte dieser Vorschlag ein allgemeines Gelächter. Niemand, soviel bekannt geworden ist, ließ sich durch die hohen Preise verleiten, statt der Brache oder der hier gewöhnlichen Schotenfrüchte, Rocken zu säen. Man war des festen Glaubens, daß der Unterschied in den folgenden Getreideernten sehr auffallend seyn würde, wenn man in einem fort Getreide bauen wollte, und daß man nach zwei Halmfrüchten, um schmerzliche Nachwehen zu verhüten, nicht etwa allenfalls, sondern durchaus nothwendig, entweder reine Brache oder eine reinigende Zwischenfrucht eintreten, und sich durch keine reizende Vorspiegelungen von dieser Regel abbringen lassen müsse."

„Die Furcht, welche man im Braunschweigischen und Hildesheimischen vor einen mehr als zweijährigen ununterbrochenen Bau der Halmfrüchte findet, hat gewiß ihren ersten Grund in manchen unglücklichen Versuchen der Vorzeit, welche jetzt vergessen sind. Sie wird erhalten durch den Eindruck, welchen die jämmerlichen Kornfelder solcher Gegenden, wo man drei- bis viermal Rocken- oder andere Halmfrüchte hinter einander bauet, auf Reisende aus diesen Ländern machen. Zu einer kleinen Befestigung in dieser Furcht giebt aber auch die Nachlässigkeit einiger Landwirthe an Ort und Stelle bisweilen Gelegenheit. Es ist nämlich nicht ungewöhnlich, daß man hier in die Brache sogenanntes Wickfutter, ein Gemenge von Wicken und Hafer, säet, welches grün abgemähet den Kühen gegeben wird. Läßt man es nicht an gehörigem Dünger fehlen, und mähet bei Zeiten, das heißt, ehe die Wicke Schoten setzt, und der Hafer seine Rispen zeigt, so erntet man, bei gehöriger Behandlung des Landes, im folgenden Jahre oft so gutes Winterkorn, als nach reiner Brache. Nun giebt es aber nachlässige Wirthe, welche entweder zu spät mähen, so daß der Hafer beinahe seine Reife erlangt hat, oder welche, im Falle sie früh genug gemähet haben, doch nicht mit dem Umbruche eilen, so daß ein Theil des jung abgemäheten Hafers nachschießen und Körner bilden kann. Die Folge dieser Nachlässigkeit ist im nächsten Jahre in die Augen springend. Das Winterkorn bleibt sichtlich zurück, im Vergleich mit den auf benachbarten Aeckern noch reif gewordenen Schotenfrüchten, und der Verlust an Stroh und Körnern giebt einen deutlichen Fingerzeig, was wir von dem

Baue der Halmfrüchte in einem fort zu erwarten haben würden."

„Aus Allem diesen ergiebt sich nun, mit welchem Rechte der Verf. die Erfahrungen aller unserer tüchtigen Dreifelderwirthe für sich anführen kann. Diese haben zwar erfahren, daß nach gut gedüngten Schotenfrüchten und Futterkräutern gutes Winterkorn, und allenfalls in der zweiten Tracht auch gutes, obgleich nie vorzügliches Sommerkorn wachsen kann; aber davon wissen sie nichts, daß der Nachtheil der unmittelbaren Folge mehrerer halmtragenden Früchte nicht sehr bedeutend sey. Im Gegentheile sind sie von diesem Nachtheile so fest überzeugt, daß sie gar nicht mehr nöthig finden, darüber Versuche anzustellen. Sie können ihre guten Gründe haben, warum sie nicht von der Dreifelderwirthschaft abgehen, und mit dem geringeren Ertrage des Sommerfeldes in der zweiten Tracht zufrieden seyn wollen; aber es fällt ihnen gewiß nicht ein, zu behaupten, daß ihre Gerste eben so gut sey, als die der Wechselwirthe nach Hackfrüchten oder Schotengewächsen, oder daß der Abfall nicht viel zu bedeuten habe."

„In der That, man muß keine Augen haben wollen und etwas darin suchen, den Erfahrungen aller Zeiten und Länder zu widersprechen, wenn man nicht zugeben will, daß die vortheilhafte Einwirkung des Fruchtwechsels, von welchem hier die Rede ist, das Prädikat „höchstbedeutend" verdient. Wenigstens müßten es ganz andere Induktionen seyn, als die angegebenen, wodurch die allgemein verbreitete Ueberzeugung von den großen Nachtheilen mehrerer aufeinander folgender Halmfrüchte umgestoßen werden sollte."

„In Schottland nimmt man, zufolge einer von dem Verf. angeführten Preisschrift, auf reichem Klay und schwerem Lehmboden, nach einer vierjährigen Ruhe und einmaliger Düngung, zwei Weizen- und eine Bohnenernte; nach einer sechsjährigen Ruhe und zweimaliger Düngung, drei Weizen- und zwei Bohnenernten; nach einer achtjährigen Ruhe und einer dreimaligen Düngung, vier Weizen- und drei Bohnenernten. Sind nun wirklich diese Weizenernten unmittelbar hinter einander genommen, und nicht etwa die Bohnen eingeschoben worden, wie der Verf. vermuthen läßt, aber nicht ausdrücklich sagt, was folgt daraus? daß es möglich sey, nach vieljähriger Ruhe auf einem kräftigen Boden bei reichlicher Düngung mehrmal hinter einander Weizen zu bauen; wer leugnet das? Aber darauf kann man, nach den bisher gemachten Erfahrungen, sein Vermögen wetten, daß Weizen, nach gedüngten Bohnen, in solchem Boden einen ganz andern Ertrag, als Weizen nach Weizen gegeben hätte. Leider ist es mir nicht gelungen, die landwirthschaftliche Zeitung, in welcher von jener Preisschrift Nachricht gegeben wird, und noch weniger, die Preisschrift selbst aufzutreiben. Aber die Sache spricht für sich selbst." *)

„Von Brabant kann in dieser Sache überall keine Rede seyn. Wenn wir erst dahin gekommen sind, alle Jahre düngen zu können, wie die Belgier; wenn unser Land erst, wie dort, alle sechs bis acht Jahre auf beinahe anderthalb Fuß durch die immer veränderte Rigola umgeworfen oder ganz eigentlich umgegraben wird; und wenn wir es endlich auch erst so weit gebracht haben, daß wir unsere Getreidefelder mit niederländischem Fleiße auskrauten können, so werden die Nachtheile mehrerer auf einander folgender Halmfrüchte auch bei uns weniger in die Augen fallen, und auch wir werden es vielleicht zuträglich

---

*) Es ist bestimmt angegeben, daß zwischen jeder Weizenernte eine Bohnensaat eintrat; nach dem bekannten Kentschen Fruchtwechsel. Th.

finden, die auszehrendsten Halmfrüchte bisweilen unmittelbar aufeinander folgen zu lassen. Bis dahin aber sind alle Induktionen unpassend, die man aus dieser Gartenwirthschaft herholt. Uebrigens ist es aus Schwerz bekannt, daß man die Regeln des Fruchtwechsels auch in den Niederlanden nicht allgemein übersieht, und daß man sich in einigen hochkultivirten Gegenden nach denselben, wie wohl nicht immer ganz streng, richtet."

„Was die Versuche des Grafen von Podewils betrifft, so ist möglich, daß er vom Weizen, in der zweiten Tracht nach Gerste gesäet, so wie vom Rocken, in der zweiten Tracht nach Winterung gesäet, noch nicht volle zwei Körner weniger als in der ersten Tracht nach frischem Dünger gebauet hat. Wenn entweder das Land in sehr gutem Stande war, oder der Mist zu der ersten Tracht mit der Saatfurche eingebracht wurde, so daß er seine volle Wirkung erst in der zweiten Tracht zeigen konnte, so ist das Räthsel gelöset."

„Ueberhaupt aber sind solche einzelne Versuche, bei denen noch so manche Frage zu beantworten wäre, nicht hinreichend, hundert und tausend übereinstimmende Erfahrungen zu widerlegen."

„Auch in Thüringen sollen drei und mehrere halmtragende Früchte unmittelbar hinter einander in gutem Boden und bei guter Bestellung sehr gut gerathen."

„Was läßt sich daraus lernen? Wie gut geriethen sie denn? Wären sie vielleicht nicht noch halbmal so gut gerathen, wenn man etwa eine Schotenfrucht eingeschoben hätte?"

„Das sind nun die Induktionen alle, durch welche der Verf. sich berechtigt glaubt, den Einfluß des Fruchtwechsels so weit zu ermäßigen, daß er ihn auf das Wintergetreide nie höher als zu einem Korn, und auf das Sommergetreide zu zwei Körner annehmen kann. Das heißt nun so viel: Wenn ihr z. B. zwei Morgen Land von gleicher Güte unter gleichen Verhältnissen des Düngers und der Bearbeitung vor euch habt, von denen der eine mit Rocken und der andere mit Erbsen, Wicken oder Klee bestellt gewesen ist, und ihr besäet beide mit Rocken, so werdet ihr in der Regel auf dem letzten etwa ein Korn mehr ernten, als auf dem ersten. Und wenn ihr zwei andere Morgen unter gleichen obigen Bedingungen nehmt, von denen der eine Kartoffeln und der andere Rocken getragen hat, so werdet ihr, wenn ihr sie beide mit Gerste besäet habt, von dem ersten etwa zwei Körner mehr, als von dem letzten ernten."

„Ich möchte dem Verfasser wohl in das Gesicht sehen, und ihn fragen: ob das sein Ernst sey? So viel weiß ich aber, daß hier zu Lande jeder achtsame Wirth nach Erbsen eher das achte und nach Futterkräutern eher das zehnte Korn im Rockenfelde erwarten kann, als in andern Gegenden, wo man Rocken auf Rocken säet, der Landwirth das fünfte Korn in Anschlag bringen darf. Bei der Gerste möchte der Abstand nicht völlig so groß seyn, weil man allerdings nach frisch gedüngtem Rocken bisweilen gutes Sommerkorn gewinnt. Rocken nach Rocken geht übrigens bekanntlich noch am besten. Wo würde der Verf. mit seinem einen Korn im Winterfelde bleiben, wenn man ihm Rocken nach Weizen oder gar Weizen nach Weizen in Rechnung bringen wollte! Von der Gerste merkt er selber an, daß der Ausfall derselben nach Weizen, einer allgemeinen Erfahrung zufolge, etwas bedeutend ist."

„Und noch lasse ich mir gefallen, daß auf einem Boden, welcher bis dahin anders behandelt wurde, die nachtheiligen Folgen von mehr als zwei hinter einander folgenden Getreideernten im ersten Umlaufe nicht sogleich stark in die Augen fallen. Ich will allenfalls einräumen, daß nach reiner Brache fünf Halmfrüchte, wenn man zu der dritten wieder düngt, den guten Boden noch nicht ganz zu Grunde gerichtet hätten. Wie würde es aber gehen, wenn man das Unwesen fortsetzen, und nun wieder nach einer reinen Brache fünf Halmfrüchte nehmen wollte? Wo ist das Erdreich, welches bei unserer gewohnten Beackerung eine solche Mißhandlung ertragen könnte? Würde nicht der Boden völlig ausgebauet, nur durch mehrjähriges Dreeschliegen (wie man sich denn dazu auch im hannöverschen gezwungen sieht) wieder zum Tragen der Halmfrüchte tauglich gemacht werden müssen?"

„Jeder Nachdenkende muß schon hier auf den Gedanken kommen, daß der Verf. seines Gegenstandes gar nicht mächtig ist, oder daß er absichtlich die Augen verschließt. Wenn es auch wahr wäre, daß Jemand bei dem Bau des Winterkornes nach Winterkorn nur ein Korn weniger geerntet hätte, als etwa sein Nachbar nach Schotenfrüchten oder Futterkräutern, was hilft uns das? Es ist ja nicht die Rede von dem, was einmal, sondern von dem, was immer geschehen soll! Nicht der größtmöglichste augenblickliche, sondern der größtmögliche nachhaltige Gewinn ist das Ziel des Landwirths. Die Wilden, welche den Baum mit reifen Früchten umhauen, sollen doch nicht etwa unsere Lehrmeister seyn? Wer nach der Regel des Fruchtwechsels ein Jahr um das andere Getreide bauet, und also die Halmfrüchte mit Viehfutter, oder nach Beschaffenheit des Bodens und seiner übrigen Verhältnisse, mit andern verkäuflichen Produkten wechseln läßt, der kann in Ewigkeit fortbauen, und wenn er seine Wirthschaft mit gehöriger Umsicht treibt, so werden sich seine Kornernten von Jahr zu Jahr verbessern. Es versteht sich, daß von einem guten Boden die Rede ist, und nicht vom leichten Sande, bei welchem ein mehrjähriges Dreeschliegen unausweichliche Bedingung seyn kann. Wer Dreifelderwirthschaft treibt, oder treiben muß, und also immer zwei Halmfrüchte hinter einander bauet, der kann es unter bekannten Bedingungen dahin bringen, daß seine Kornernten sich nicht verschlechtern, sondern sich wohl gar mit der Zeit noch verbessern. Wer aber drei oder mehr Kornernten hinter einander nehmen will, der wird auch durch Hülfe der reinen Brache und eines reichlichen Düngers nicht weit kommen. Die Verwilderung des Bodens, und das Nachlassen des Körnerertrages werden ihm bald zwingen, entweder andere Früchte einzuschieben, oder zum Dreesch seine Zuflucht zu nehmen. Ist dies

nun

nun gewiß, wie es denn durch die einstimmige Erfahrung aller Zeiten und Länder außer Zweifel gesetzt ist, wenn man nämlich einzelne begünstigte Erdflecke, wie billig, aus der Rechnung läßt: so fällt das ganze Räsonnement des Verf., mit Allem, was er deutlich und verworren gedacht hat, dahin. Der mecklenburgische Koppelwirth mag seine guten und wohlbegründeten Ursachen haben, warum er nach mehrjährigem Dreesch und einer reinen Brache drei und mehrere Halmfrüchte unmittelbar hinter einander bauet, darüber wird hier nichts entschieden; aber daß seine zweite, dritte oder gar vierte Halmfrucht nicht beträchtlich schlechter ausfallen sollte, als wenn nach der Regel des Fruchtwechsels andere Früchte und Gewächse eingeschoben würden, diese Versicherung wird bei Niemanden Glauben finden, der im Stande ist, von der Sache zu urtheilen, und am wenigsten bei demjenigen, der selbst in Mecklenburg gewesen ist, und besonders die kümmerliche Sommerfrucht auf den dortigen Koppeln bei dem Gedanken an die Gerste und den Hafer seines Vaterlandes mitleidig angelächelt hat."

„Den reifgewordenen Hülsenfrüchten schreibt der Verf. einen gleichen nachtheiligen Einfluß auf die folgende Getreideart zu, als den leichteren halmtragenden Früchten. Dies kann man aber hier zu Lande kaum ohne Lächeln anhören. Wir haben, wie schon oben erinnert, in dem benachbarten Lüneburgischen Gelegenheit, Rocken nach Rocken zu sehen. Auch ist uns wohl in anderen Gegenden Rocken nach Gerste zu Gesicht gekommen. Damit vergleichen wir nun unsern Erbsen-Rocken, und würden uns wahrscheinlich bedenken, wenn man uns für einen von diesen Rokken-Morgen zwei von jenen zum Tausch anbieten wollte. Von Linsen und breitwürfig gesäeten Bohnen muß man zugeben, daß diese Hülsenfrüchte einigen nachtheiligen Einfluß auf die nachfolgende Winterfrucht haben, obgleich nicht in dem Grade, als der Verf. behauptet. Aber von Erbsen läßt sich dies auf keine Weise annehmen. Wie würde sich der Verf. wundern, wenn er in diesem Frühjahre die hiesigen Gegenden durchreiste, und die prächtigen Rockenfelder nach Erbsen anstaunte! Ich zweifle gar sehr, ob er seinem Brachrocken noch irgend einen Vorzug vor diesen zuschreiben möchte."

Wie soll es aber zugehen, frägt ungefähr Herr Zimmermann S. 38, daß Kartoffeln und Schotenfrüchte, ihrer starken, mehligten Substanz ungeachtet, den Boden wenigstens nicht in dem Verhältnisse erschöpfen, wie das Getreide? — Kraft und Wirkung, meint er, müssen sich doch gleich bleiben *)!

In meiner rationellen Landwirthschaft B. 1. S. 337 u. f., wo ich über den Fruchtwechsel rede, habe ich mich auf die theoretische Erklärung seiner Wirkung nur oberflächlich eingelassen, und mehr das Empirische darüber angeführt. Der Uebersetzer meines Werks, Herr Crud, hat mich neuerlich an eine wichtige Rücksicht, deren ich dort nicht ausdrücklich erwähnte, in einer Anmerkung erinnert.

*) Ich muß hier nur bevorworten, daß ich diese auf Erfahrung beruhende Thatsache durch Theorie keineswegs habe erweisen, sondern da sie einmal erwiesen ist, nur erklären wollen. Nie habe ich einen Satz in der Ackerbaulehre auf Theorie begründen wollen, aber ich habe Erfahrungssätze, denen wir nach den unbezweifelten Beobachtungen unseren Glauben nicht versagen können, nach physischen Gesetzen zu erklären gesucht — nach physischen Gesetzen, die freilich ebenfalls bloß durch Erfahrung ausgemittelt, aber durch wahre, reine Versuche zur höchsten Evidenz gebracht sind. Denn es ist selbst für die Praxis nützlich, einen Erfahrungssatz auf allgemeine physische Wahrheiten zurückzuführen.

Es ist nämlich außer allen Zweifel, daß die Gewächse nur einen Theil ihrer Nahrung mit ihren Wurzeln aus dem Boden, einen anderen Theil mit ihren Blättern aus der Atmosphäre ziehen. Das Verhältniß dieser Anziehung ist bei verschiedenen Pflanzen sehr verschieden; denn es giebt einige, die auf dem dürrsten und unfruchtbarsten Boden, aus welchem sie wenig ziehen können, sehr üppig wachsen. Je stärker ihr Einsaugungsorgan, d. h. ihr Blatt ist, um desto stärker ziehen sie an aus der Atmosphäre; und auch in dem Zustande ihres Lebens am mehresten, wo die Blätter am stärksten entwickelt sind, und die größte Lebensthätigkeit äußern. Bei den Kartoffeln haben wir einen starken Beweis, wie viel die Blätter zum Wachsthum ihrer Bollen beitragen, da häufig wiederholte Versuche gezeigt haben, daß der Wachsthum dieser Bollen in dem Augenblicke aufhöre, wo man ihr Kraut dicht über der Erde abschneidet. Ja, der berühmte Edinburger Arzt Cullen hat einen interessanten Versuch gemacht, den jungen Kartoffeln ihr Laub sogleich, und dann, so wie sie neues austrieben, immer wieder abzuschneiden; wovon der Erfolg war, daß die Kartoffeln zwar eine Menge Faserwurzeln, aber durchaus keine Bollen ansetzten. Die Blättee der

Schotenfrüchte und des Klees sind schon in jüngerm Zustande ungleich kräftiger und anziehender wie die Blätter des Getreides; am größten aber ist die Verschiedenheit zur Zeit des Körneransatzes. Das Getreide verliert mit der Blüte seine Blätter, sie werden gelb, trocknen ein und fallen ab; bei den Hülsenfrüchten vegetirt das Laub noch lange fort, oft über die völlige Reife des Korns hinaus. Bei jenem muß also die Pflanze sich, und besonders ihre Körner, durch die Wurzeln aus dem Boden allein ernähren; bei diesen fährt sie fort aus der Atmosphäre anzuziehen. Dies sey genug hierüber, denn diese Erklärung weiter auszuführen, ist hier nicht der Ort.

Uebrigens erinnere ich mich nirgends bestimmt gesagt zu haben, daß die Hülsenfrüchte den Boden überall nichts entzögen. Ich habe nur gesagt, sie thäten es beträchtlich weniger wie das Getreide, und verbesserten den Boden als Zwischenfrucht zwischen dem Getreide auch auf andere Weise. Wenn ich in den Berechnungen der Kraftausziehung diese aufs höchste angenommen habe — denn es kann hier nur Aproximation statt finden — so that ich es um auch hier allen Anstoß zu vermeiden. Man muß das beachten, was ich an anderen Stellen meines Werks gesagt habe;

denn unmöglich konnte ich alles, was zu einer Materie gehört, auf dasselbe Blatt setzen.

Nach der achten Bemerkung soll ich gesagt haben: es sey durch keine zuverlässige Versuche ausgemacht, ob der Klee das Land aussauge oder bereichere. Wer die Stelle im 1sten Bande S. 6. meiner englischen Landwirthschaft nachlesen will, wird nicht begreifen wie Herr Zimmermann eine solche beiläufige, Beispiel gebende Stelle als meine Meinung anführen könne; da ich mich doch in demselben Werke so ausführlich darüber erklärt habe*).

---

*) S. 43 sagt Herr Zimmermann. „Es ist auffal„lend, daß der verstorbene Geheimerath v. Wolf gerade „das, in seiner Nachbarschaft gelegene, jetzt dem Herrn „Staatsrath Thaer zugehörende Gut Mögelin zum „Beispiel anführt, wie sehr ein Gut durch einen zu „starken Kleebau herunter gebracht werden könne. Nach „der eigenen Angabe des Herrn Staatsrath Thaer war „es so sehr deterioriret worden, daß dessen Ertrag in „den letzten Jahren beinahe unter Null war. Hätte der „Klee eine solche verbessernde Kraft, als man ihm bei„legt; so wäre dieses wohl nicht gut möglich gewesen." Ich habe die Wolfsche Schrift nicht zur Hand, und kann also die Stelle nicht nachschlagen, was bei allen Citationen des Herrn Zimmermann sonst so nöthig ist. Ich habe wohl gehört, daß der Kammerrath Menzel,

Ich habe so oft über die Wirkung des Klees gesprochen, daß ich Herrn Zimmermann abermals nicht darauf antworten kann, setze aber zu seiner und deren Belehrung, die sich durch ihn irre machen lassen konnten, das her, was der Verfasser des Aufsatzes in der Ceres ihm Seite 98 und ferner darauf geantwortet hat.

„Daß nach Klee, das heißt, nach vollgestandenem und in der Blüthe gemähetem Klee vortreffliches Wintergetreide, besonders Weizen wächst,

---

von welchem der Bruder des Geheimenrath v. Wolf, Mögelin kaufte, für die damalige Zeit vielen Klee in Mögelin gebauet habe. Erklären könnte ich mir wohl, wie er Mögelin dadurch deteriorirt habe. Er bauete ihn im Dreifeldersysteme, und vermuthlich nach der damals sich verbreitenden Schubartschen Lehre, alle drei Jahre im Braachfelde. Dies konnte er nur auf einem kleinen Theile des Ackers und nicht ohne starke Düngung, die er also hier konzentrirte, wobei dann dieser Theil, wegen Mangel der Bearbeitung, verwilderte, und der übrige Theil in der Düngung zu kurz kam. Denn dies zeigt sich bis auf den heutigen Tag, daß ein kleiner noch um den Hof liegender Theil der Felder in starken Dünger vormals erhalten, der übrige aber um so mehr vernachläßigt seyn müsse. Nachher ist leider! auch Klee daselbst gebauet worden, aber sehr wenig und nur zum Saamenverkauf.

ist so allgemein bekannt, daß es mir unbegreiflich ist, wie der Verf. sagen kann: derselbe stehe bei der Mehrheit der praktischen Landwirthe in üblem Credit. Im Hildesheimischen nnd Braunschweigischen, wo man es möglich zu machen weiß, nach zwei Halmfrüchten im Braachfelde guten Klee zu erzeugen, wird kein tüchtiger Landwirth zugeben, daß er nach demselben beim Weizen 1 Korn und beim Rocken 2 Körner Verlust habe. Ich hoffe, dieß soll mit der Zeit durch mehrere öffentliche Zeugnisse bestätiget werden. Der Kleeweizen übertrifft hier nicht selten den Braachweizen, weil er sich nicht so leicht lagert, als dieser. Es ist aber freilich nothwendig, daß die Arbeit gut gemacht, daß besonders bei der einfährigen Bestellung nur eine schmale Furche genommen, und die Egge nicht geschont wird. Wo man hierin nichts versäumt, und allenfalls die umgepflügte Kleestoppel eine Zeitlang vor der Einsaat ausruhen läßt, da wird man unter gleichen Umständen an der Weizenernte sicher nichts gegen das Braachkorn verlieren, sondern oft an dem steiferen Strohe und an den völlig ausgebildeten Körnern gewinnen."

„Das Gerathen des Rockens ist allerdings etwas weniger sicher, wenn man nämlich einfährig bestellt. Kann man es möglich machen, nach dem letzten Schnitte zweimal, oder noch besser, dreimal zu pflügen, so ist es des Landwirths eigene Schuld, wenn sein Rocken in der Kleestöppel 2 Körner verliert. Aber auch selbst bey einjähriger Bestellung ist es, laut unwidersprechlichen Erfahrungen, möglich, eben so guten Rocken zu erbauen, als nach der Braache. Wer sich nicht durch die freilich mögliche, aber in dieser Hinsicht nicht rathsame Nutzung des Klees nach zwei genommenen Schnitten verleiten läßt, den Umbruch der Stoppel bis tief in den Herbst hinein zu verschieben; wer also bei Zeiten in schmalen Furchen mit gehöriger Tiefe pflügt, und dieser Saatfurche einen noch etwas längern Zeitraum, als beim Weizen, gönnt, sich zu setzen, der darf kaum etwas an der Rockenernte verlieren. Wenigstens steht auch hier in fruchtbaren Jahren der dichteste Kleerocken noch aufrecht, wenn sich der Braachrocken bereits gelagert hat. Uebrigens wird hier, wie überall, wenn vom Klee die Rede ist, ein dichtes Kleefeld verstanden, in welchem Gras und Unkräuter erstickt sind. Wo das nicht der Fall ist, da ist das Mißrathen des Rockens kein Wunder nach einer einjährigen Bestellung. Welcher verständige Wirth wird sich aber bedenken, ein solches Kleefeld länger, als bis in die Mitte des Sommers ruhen zu lassen? wird er es nicht allenfalls nach dem ersten Schnitte umreissen und als Braache behandeln?"

„Der Kleebau und das Gerathen der Winterfrucht nach Klee, mögen in Mecklenburg einige Schwierigkeiten haben. Da der Körnerbau bei der dortigen Wirthschaft so sehr die Hauptsache ist, so wird man nach der Braache vermuthlich immer erst wenigstens zwei Halmfrüchte nehmen. Es giebt aber sicher wenig Boden in Mecklenburg, der entweder so viel natürlichen Reichthum besitzt, oder durch starke Düngung so weit aufgeholfen ist, daß er nach zwei oder gar drei Halmfrüchten noch ein gutes Kleefeld liefern kann. So etwas ist nur auf reichem Boden, der im dreijährigen starken Dünger steht, und oft auch auf diesem nur durch künstliche Hülfe an Gyps, Salzdux und Asche möglich. Es wird also dort schwerlich Kleefelder geben, wie sie hier vorausgesetzt werden, und daher mag es denn vielleicht kommen, wenn es ja so ist, daß der Kleerocken bei der Mehrheit der dortigen Landwirthe in demselben in üblern Credit steht, als der Rocken nach Taback."

In der neunten Bemerkung sagt der Verfasser: „England werde vom Brande geplagt,

„nicht sowohl seines Klimas als der üblichen „Fruchtfolge wegen." Der Norfolker Weizen, der nach dieser Fruchtfolge allgemein gebauet wird, ist wegen seiner Reinheit vom Brande berühmt, übrigens ist es auch nicht so sehr der Brand als der Rost, womit die südwestlichen und mittleren Provinzen Englands, geplagt werden.

„In Brabant, sagt er ferner, zweifelt man „überall nicht an der Richtigkeit dieser Beobach„tung." Schwerz sagt in der angeführten Stelle: (B. 1. S. 343) Ein Pachter habe die Beobachtung gemacht, daß der Braachweizen dem Brande minder unterworfen sey als jeder andere. Der eine Pachter macht also die allgemeine Meinung aus!

Nach der zehnten Bemerkung soll sich der in die Kleestoppel gesäete Weizen, wie Schwerz auch gesagt habe, leicht lagern. Der arme Klee! sonst giebt er mageres Getreide und nun auf einmal Lager! Schwerz sagt übrigens an der angeführten Stelle B. 1. S. 337: „hast „du einen Boden, wo du zu fürchten hast, daß „sich das Getreide leicht lagere, da laß nie Wei„zen auf Klee folgen." — Warum? — weil der Klee den an sich geilen Boden nicht aussaugt, sondern noch stärker macht. Auf schwächeren Boden habe ich nach Klee fast nie Lagerweizen gesehen. — Jene Stellen aus Schwerz geben übrigens wieder einen Beweis, wie künstlich Herr Zimmermann Zeugen-Aussagen verdrehet.

In der neunten Bemerkung, so wie an andern Orten und in seinem Bedenken über die Wechselwirthschaft spricht Herr Zimmermann von der späten Saatzeit des Wintergetreides als einem Hauptnachtheil der Wechselwirthschaft, der bei derselben ganz unvermeidlich sey, und berechnet ihr daraus den regulären Verlust von einem Korne, und obendrein Mißwachs, Brand und Gott weiß, was für Uebel. Dieß beweist weiter nichts, als daß Herr Zimmermann überall keinen Begriff von dem Gange der Arbeiten bei der Wechselwirthschaft habe. Meine Winterung wird in den Wechselfruchtschlägen größtentheils im August bestellt und in der Mitte des Septembers, wo Dreifelderwirthe hier anfangen zu säen, bin ich damit fertig. So ist es in allen Wechselwirthschaften in meiner Nachbarschaft, z. B. zu Cöthen bei dem Herrn Rittmeister v. Jena, zu Friedersdorf bei dem Herrn Major v. Marwitz, zu Tempelberg bei des Herrn Staatskanzlers v. Hardenberg Excellenz, und wahrscheinlich in allen gehörig betriebenen Wechselwirthschaften. Die Koppelwirthschaft kann freilich, wenn sie will, eben so früh säen; nur die Dreifelderwirthschaft, wenn sie ihre Braache gehörig bearbeiten will, nicht. Meiner Ueberzeugung nach kann in unserm Klima die Winterung gar nicht zu früh gesäet werden, wenn man anders Staudenrocken und entschiedenen Winterweizen hat, und alle Besorgnisse dagegen sind ungegründet. Durch diesen warmen Herbst werden sich viele auf einem Theile meines Feldes, wo der Rocken nach grün abgemäheten Wicken schon in den ersten Tagen des Augusts gesäet ward, überzeugen können, daß es mit dem besorgten Ueberwachsen und Schossen nichts zu bedeuten habe.

Alles, was Hr. Zimmermann über die späte Bestellung der Winterung, der Wechselwirthschaft zur Last legt, sind folglich, so wie freilich alles übrige, bloße Luftstreiche, die etwa ein Phantom, was ihm vor den Augen schwirrt, aber nicht mich und nicht die Wechselwirthschaft treffen.

In der eilften Bemerkung ist so viel untereinander gemischt, was mir zum Vorwurf gereichen, und die Leser überzeugen soll: „daß ich mich durch einen schimmernden Anschein täuchen lasse, und dem Publiko Dinge empfehle, welche bei uns keine weitere Beachtung verdienen." Als da sind

1) die **Winterwicken**. Ich habe im ersten Bande meiner engl. Landwirthschaft S. 481. gesagt, daß die Engländer auf die Winterwicken einen großen Werth setzten; habe aber hinzugefügt, daß ich mit ihrer Durchwinterung noch keinen Versuch gemacht habe; weshalb ich es als zweifelhaft, obgleich nicht als unwahrscheinlich aufgestellet, ob sie unser Klima aushielten. Vom Jahre 1799 an habe ich es wenigstens fünf bis sechs Mal gedruckt, und unzählige Male schriftlich gesagt, daß es nach meinen gemachten Versuchen mit diesen Wicken bei uns nicht gehe, sie kämen zwar wohl durch den Winter, würden aber im Frühjahre, nachdem sie zu vegetiren angefangen, von den Nachfrösten zerstört.

2) Die **Möhren**. Ich habe von der Mühsamkeit und Kostbarkeit dieses Baues bei jeder Gelegenheit gesprochen, ihre große Einträglichkeit und Nutzbarkeit aber eben so sehr gerühmt. Ich hätte seit einigen Jahren hier keine im Großen gebauet. Im letzten Jahre 1811 sind aber per Morgen 279 Schfl. geerntet, und obendrein von

demselben Land 4 Schfl. $1\frac{1}{2}$ Mtz. per Morgen Mohnsaamen, der darunter gesäet war *).

3) Türkscher Weizen. Ich habe meine Bedenklichkeiten gegen den Anbau des großen türkschen Weizens in unserm Klima stark genug geäußert, und nur die kleine schneller reifende Art für sicher erklärt. Indessen habe ich von diesem Anbau, der vielen, und auch mir in manchen Jahren sehr geglückt ist, unter den angegebenen Bedingungen nicht abschrecken wollen, weil es an sich kein positiver Verlust ist, wenn er nicht reif wird, indem man das Kraut und die unreifen Kolben dennoch zur Viehfütterung, oder wenn

---

*) Ob Herr Zimmermann dies glaube oder nicht; ist mir freilich gleichgültig, aber ich muß ihm doch bei der Gelegenheit zu erwägen geben, ob Fakta, die ich von meiner Mögeliner Wirthschaft anführe, wohl nicht eben so sehr beglaubigt sind, als solche vereidete Zeugenaussagen, wie der brave seelige Wolf hatte aufnehmen lassen, und die er von uns Wechselwirthen bei allen Angaben verlangt. Kann Hr. Zimmermann mir die Unverschämtheit zutrauen, etwas Falsches öffentlich über Dinge zu sagen, die unter den Augen aller Mitglieder meines Instituts vorgehen, unter denen gewiß immer der größte Theil sehr aufmerksam und scharfsichtig ist, und um deren Zutrauen eine einzige solche Unwahrheit mich bringen würde.

man will, zur Syrup- und Zuckerbereitung sehr vortheilhaft benutzen kann.

4) Die Luzerne. In Ansehung der Luzerne habe ich meine Meinung in Rücksicht ihres großen Nutzens und ihrer Einträglichkeit auf Boden, wo sie gedeiht, überall nicht abgeändert. Ich habe nur im dritten Bande meiner engl. Landwirthschaft mehr als im ersten empfohlen, sich von der Tauglichkeit des Bodens für Luzerne vorher zu überzeugen, und habe gegen einen Andern, der mich über die Besorglichkeit in den Annalen tadelte, die Mißlichkeit dieses Gewächses auf manchen Feldmarken behauptet. Auf meinen Feldern weiß ich nun wenigstens, wo ich sie bauen und wo ich sie nicht bauen kann, und setze einen so großen Werth darauf, daß ich jährlich 6 bis 7 Morgen damit zu besäen, und sie 7 Jahre lang stehen zu lassen, denke. In dem vorigen dürren Sommer hat mir die bereits angelegte einjährige Luzerne eine erstaunlich große Beihülfe zur grünen Fütterung gegeben, indem ich sie fünf Mal und jedesmal bei einer Höhe von 2½ Fuß habe schneiden lassen.

5) Abfahren des Mistes im Winter (den der Schnee oft wegschwemme). Ich wüßte nicht was ich darüber gesagt, und wieder zurück-

genommen hätte. Was ich darüber im zweiten Bande der ration. Landwirthschaft S. 194—198 gesagt habe, ist immer meine Meinung gewesen, und meine stärkste Mistausfuhr geschieht allerdings im Winter vor dem Schnee. Nur wird er da nicht ausgestreuet, wo ihn das Schneewasser wegschwemmen könnte; wofür ich an mehreren Orten gewarnt habe.

Die zwölfte Bemerkung belehrt mich, daß die Getreidepreise um 1 rthlr. niedriger stånden (nämlich in einem Theile des Jahres 1811), als ich sie in meinem Wirthschaftsplane von Mögelin 1804 angenommen, wo ich den Schfl. Rokken zu 1 rthlr. 16 gr. als wahrscheinlichen Durchschnittspreis berechnete. Um einen Thaler niedriger haben sie auch in dem wohlfeilsten halben Jahre bei uns noch nicht gestanden. Aber vom Durchschnitt ist auch nur die Rede, und der ist, von dem Zeitpunkte an bis diese Stunde, wohl das Doppelte von dem gewesen, was ich angenommen habe. Uebrigens was hat dies mit der Wechselwirthschaft zu thun? Sie kann gottlob! eher wie irgend eine andre, niedrige Getreidepreise ertragen, und wird, einmal durchgeführt, Rente von ihrem Boden ziehen, wenn andere Wirthschaften, ohne Frohndienste, die Kosten nicht mehr tragen können. — Gesetzt aber, der Durchschnittspreis wäre unter jenen im Jahre 1804 angenommenen Satz gefallen, wer konnte denn damals die unerwartete Revolution auf dem Kontinente, die Halsstarrigkeit der Engländer, allen Handel zerstören zu wollen, voraussehen?

„Die dreizehnte Bemerkung hebt sich mit einem Komplimente für mich an, und daß es Herrn Zimmermann zum Vergnügen gereiche, mir, wo ich es verdiene, volle Gerechtigkeit widerfahren zu lassen. — Bedanke mich auch! — Uebrigens enthält sie Dinge, über die ich mich entweder schon erkläret habe, oder an einem anderen Orte, und zwar gleich bei der vierzehnten Bemerkung, besser werde erklären können.

Die vierzehnte Bemerkung ist die ausführlichste von allen, und bezieht sich auf meine Berechnung der ausgesogenen und wachsenden Kraft des Ackers. Ich müßte sie aber Satz für Satz abschreiben, und die Falschheit eines jeden ausführlich darlegen, wenn ich sie vollständig beantworten wollte. Dies wäre eine um so lästigere Arbeit, da Hr. Zimmermann absichtlich alles untereinander wirft, und dadurch das, was er mir S. 63. vorwirft, nämlich eine Verwirrung meiner Ideen, in der That hervorbringt. Und endlich wäre sie ganz unnütz, denn jeder, der das, was ich im ersten Bande S. 237 u. f. gesagt habe, mit dem, was ich über diese Materie in den erläuternden und berichtigenden Bemerkungen, die dem zweiten Bande vorgedruckt sind, mit Aufmerksamkeit lieset, wird von selbst sehen, daß Hr. Zimmermann bloß mit dem Winde spielt. Er bemühet sich einen Widerspruch zwischen dem, was ich am erstern, und dem, was ich am letzteren Orte gesagt habe, aufzufinden. Einen Mangel völliger Gleichheit leugne ich ab; denn das letztere ist eine Berichtigung des erstern; ich habe es ja mit dürren Worten gesagt, daß ich meine Ansicht in verschiedenen Punkten, bei der genauern Erwägung dieser ganz neuen Materie abgeändert habe. Und obendrein habe ich es für einen Versuch ausgegeben, der an die Erfahrung gehalten noch mehr berichtigt werden müsse. Am ersterem Orte stelle ich bloß die Formel auf, und erläutere sie durch Exempel. Bei solchen Exempeln nimmt man die Data willkürlich nach der Wahrscheinlichkeit, die einem mehr oder weniger vor Augen schwebt, an. Die Düngerquellen der verschiedenen Wirthschaften konnte ich hier nicht nachweisen, weil die Düngerproduktion in der Folge erst ausgemittelt werden sollte. Am letzteren Orte habe ich aber die Formel auf die ausmittelten Wirthschaftsverhältnisse angewandt, den Dünger nach der Düngerproduktion angesetzt, und gewissermaßen den Ertrag des Getreides nach der im Boden befindlichen Kraft. Wenn Herr Zimmermann die Formel selbst nicht angreifen will — wie das nach dem Beifall, den er ihr giebt, nicht scheint — sondern nur die daraus gezogenen Resultate, so mußte er nur von letzteren, und nicht von den Rechen-Exempeln sprechen, deren Facit allerdings ein anderes ist, als hier, wo die Data anders und bestimmt gegeben sind. Es bezieht sich aber, was er sagt, mehr auf jenes als auf dieses; aber er mischt doch beides so unter einander, daß es mir selbst in der That schwer wird, auszufinden, was er im Sinne habe. Ohne mich also auf die Entwickelung des verworrenen Gespinnstes einzulassen, will ich nur einige Absurditäten und Falsa rügen, womit er jenes Gespinnst verflicht.

So sagt er Seite 62.: „Witterung und Luft habe einen großen Einfluß auf den Ertrag, welcher von der im Acker befindlichen Kraft unabhängig sey." Wenn ich dies auch nicht so ausdrücklich gesagt hätte, so verstände es sich ja wohl von selbst. Aber soll man darum gar keinen Ertrags=Anschlag machen, und ihn auf Durchschnitte von einer Reihe von Jahren begründen? Genau wird ein solcher Voranschlag in keinem Jahre passen, man wird vielleicht immer etwas mehr oder weniger ernten, wenn er gleich im Ganzen der Wahrheit sehr nahe kommt.

Seite 64. „Es gebe der dreischlägigen Wirthschaften, die nur im neunjährigen Dünger ständen, sehr wenige.“ Es giebt deren leider! sehr viele, und deren, die nur in 18jährigen Dünger stehen, nicht wenige. Wenn sie, wie in den Marken sehr häufig der Fall ist, auf 1000 Morgen Ackerland kaum 50 Morgen Wiesen haben, so kommen sie immer dahin; und wenn sie einen Theil ihres Ackers stärker düngen, so müssen sie einem andern Theile den Dünger ganz entziehen. Vor Einführung der Koppelwirthschaft war dies in Mecklenburg derselbe Fall. Daher das sterile und sich immer vermehrende Aussenland, was gar keinen Dünger erhält, und seine Bestellung nicht bezahlt; ob es gleich von Natur nicht schlechter war. Selbst die mecklenburgsche Koppelwirthschaft ist noch nicht im Stande gewesen, dieses Land wieder in Würden zu bringen.

Seite 65. „Ich habe bei 5 Fudern (6 Fuder berechne ich dieser Wirthschaft, die 150 Mor=

gen Wiesen und 300 Morgen Weideanger hat) 6 Schfl. Korn per Morgen angenommen. Das sey wohl 1 Korn zu viel (nach Korn rechne ich nicht, sondern nach Maaß); denn ich nehme bei einer vortrefflichen siebenschlägigen Fruchtwechselwirthschaft nur 5 Schfl. Rocken an." (Ich habe in dem Exempel Bd. I. S. 247. 5,24 Schfl. über die Einsaat angesetzt, bei einer, wie offenbar erhellet, im Uebergange begriffenen siebenschlägigen Wirthschaft. Aber diese Exempel sollen ja nichts erweisen, sondern nur die Anwendung der Formel zeigen.)

Seite 66. Wenn die Dreifelderwirthschaft in 6 Jahren so viel Dünger erhalte, wie alle 9 Jahre, so rechnet er ihr 25 Grad an mehrerem Kraftgewinn zu. (Das ist unrichtig, denn sie wird dann auch stärkere Ernten geben, und diese werden mehrere Kraft wegnehmen. Diese wichtige Monitur ist also ganz falsch.)

Seite 67. „Ich habe den Hürdenschlag der Dreifelderwirthschaft nicht in Berechnung gebracht." (Das habe ich allerdings gethan mit 28 Graden durchs ganze Feld. Bemerkungen Bd. II. S. XXIII. (Ein abermahliges Falsum!)

Seite 68. Bei den angeführten Koppelwirthschaften findet allerdings kein Hürdenschlag statt;

denn sie hatten keine Schaafe, und ihre Weide ist dem Rindvieh berechnet.

Seite 69. „Eine vierfeldrige Wechselwirthschaft könne durchaus nicht bestehen.“ (Sie bestehet troß seines Erachtens an vielen Orten vortrefflich, und bekommt, nachdem in der Folge alle Wiesen davon genommen worden, einen solchen Ueberfluß an Kraft, daß man Handelsgewächse bauen muß.)

Ich soll bei dieser Wirthschaft nur 4 Schfl. Ertrag an Rocken angenommen haben. Wieder ein Falsum! In den Exempeln hatte ich 4,63 über die Einsaat in erster Uebergangs-Rotation angenommen.

Nach Seite 71. will er mir ein weit sichtbareres Ehrendenkmal errichten, wenn ich die Quellen nachweise, aus welchen man so vielen Dünger hernehmen kann. (Die Quellen sind nachgewiesen, aber für das Ehrendenkmal von Hrn. Zimmermann danke ich)

Auch in der hier angeführten Stelle bei dem Uebergange ist der Dünger von Jahr zu Jahr leicht nachzuweisen.

In der Seite 73. angeführten zehnschlägigen Fruchtwechselwirthschaft ist in der That ein Rechnungsfehler, der zu seiner Zeit mit einigen andern berichtigt werden soll. Aber dessen ungeachtet setzt sich diese Wirthschaft in eine hohe Kraft.

Hier wirft er die Frage auf: woher in 10 Jahren die 16 Fuder Dünger per Morgen kommen sollen, und nimmt den Mond in Anspruch, uns statt der Steine Dünger herab zu werfen. Der Mond wird das nicht thun; denn Steine hat er wahrscheinlich im Ueberfluß, aber wenig Dünger. Eher könnte es seyn, daß sich ein Komet unserer Erde erbarmte, und sie mit ätherischem Dünger salbte, wo wir dann vielleicht Jahr aus, Jahr ein Getreide bauen könnten. Nur jene Wirthschaft bedarf dessen nicht, sie kann diese 16 Fuder alle 10 Jahre sehr reichlich geben, wovon sich jedermann überzeugen wird, der ihre Verhältnisse erwägt.

Seite 73. starrt mich Hr. Zimmermann darüber an, daß ich in dieser Wirthschaft 1800 Stück Schaafe halten will. Man verbinde hiermit das, was er S. 90 bis 93. über den Weidebedarf der Schaafe sagt, um sich zu überzeugen, daß er von keiner andern Schaafweide einen Begriff habe, als von der, die man den erbärmlichen Schäfereien in Mecklenburg auf den ungedüngten, ausgesogenen Aussenschlägen einräumt; wobei diese armen Hungerleider denn auch im Winter das elendeste Futter bekommen. Der selige brave Ober-Commissair Meyer, meint er, habe mich irre geleitet, indem derselbe 15 hannöversche Quadratruthen, circa $22\frac{1}{2}$ hiesige auf ein veredeltes Schaaf annimmt. Mehr nahm auch der treffliche und berühmte Landwirth Herr Westfeld zu Wehnde von kultivirter Schaafweide auf gutem Gerstboden per Kopf, lange vor Meyer, nicht an, und bezieht sich deshalb auf seine gemachten Versuche in seiner kleinen Schrift über Schaafveredlung. Beide aber sind sehr unschuldig an meiner Verirrung, wenn es eine wäre. Sie begründet sich auf andre mir genau bekannte Thatsachen. Ich nehme hier auf Boden, der in höchster Kraft niedergelegt, und mit zweckmäßigem Klee oder Gräsern besaamt ist, 6 Schaafe per Morgen, also auf 1 Schaaf 30 hiesige oder 20 dortige Quadratruthen an — wobei wohl zu merken ist, daß ich die 100 Morgen Angerweide auf 60 Morgen kultivirte Weide reduzire — und bin innigst überzeugt, daß meine Schaafe sich darauf vortrefflich und besser befinden werden, als wenn man ihnen auf einem mecklenburgischen Aussenschlage 150 Quadratruthen per Stück einräumte. Die Behütung der Stoppel und der Wiesen, die das auf dem Stalle gefütterte Rindvieh nicht gebraucht, haben die Schaafe obenein, und im Winter kommt auf das Stück 200 Pfund Heu oder auf Heu reduzirtes Futter, und 160 Pfund Erbsenstroh, außer dem übrigen Stroh. In milderen Wintern, und bei einiger Saatweide können die Schaafe dies nicht verzehren, sondern es wird ihnen trocknes Futter, welches bei nasser Witterung im Sommer des Morgens gegeben, den Schaafen so höchst wohlthätig ist, übergespart. Die einzige Besorgniß, welche hier nur eintreten könnte, wäre die, daß die Schaafe zu fett werden möchten!

Seite 92. verweist er mich auf die ganz vorzügliche Cunersdorfsche Weide, wo $2\frac{1}{2}$ Schaaf per Morgen kommen. Daß er diese Weide nicht kenne, und vielleicht einmal gehört hat, Cunersdorf habe schöne Weide — aber für Rindvieh im Oderbruche — ist natürlich. Aber daß er mich auf eine Weide verweist, welche dicht an meine Feldmark gränzt, und mich daraus belehren will, das ist doch eine gar zu impertinente Anmaßung, auf die ich nicht weiter antworten kann. Uebrigens kann ich ihn in meiner Nachbarschaft Wirthschaften zeigen, wo Merinoschaafe weniger als 30 Quadratruthen Weide bei der Wechselwirthschaft haben, und sich in dem vortrefflichsten Stande befinden, z. B. in Friedersdorf *).

Aber die Schaafe haben wir dummen Wechselwirthe, nach S. 93. aus seinem Bedenken erst kennen gelernt!! Freilich bei derjenigen Wirthschaftsart, die er und einige andre sich allein unter Wechselwirthschaft denken, und welche lediglich auf Stallfütterung berechnet ist, findet keine Schäferei statt; es sey denn, daß man sie, wie zu Roxburg bei dem Herrn Grafen von Schönburg geschiehet, bis zur Stoppel auf dem Stalle füttern wolle; was ohne Zweifel Hrn. Zimmermann, dessen landwirthschaftlicher Horizont äußerst beschränkt ist, fabelhaft vorkommen wird.

Seite 75. nimmt er einen besondern Fall an — „den man sich jedoch nur gedenken, der jedoch nicht ganz und gar unmöglich, ja nicht einmal selten seyn soll" — wo man in 3 Jahren nach einander einerntet, von einem Morgen, der einschließlich der Düngung 140 Grad Kraftvorrath hat,

*) Herr Sputh zu Trachenau hält auf 18 Aeckern = 36 Morgen Kleeweide 300 Stück Schaafe, und sie kommen jeden Abend gesättigt in den Stall oder in die Horde zurück. S. 40. Es kommen hier $21\frac{2}{3}$ hiesige Ruthen auf den Kopf. Archiv der deutschen Landwirthschaft, Januar 1812. S. 30.

vom Weizen 14 Scheffel
von der Gerste 12 =
vom Rocken 6 =
(über die Einsaat)

so absorbiren diese drei Ernten 163 Grade, also 23 Grade mehr als man überhaupt hatte. Daraus folgert er, daß eine Hypothese, welche einen solchen Widerspruch involvirte, unmöglich für eine zuverlässige ausgegeben werden könne. Umgekehrt möchte es wohl richtiger seyn: eine Annahme, die so ganz und gar ungegründet, aller Erfahrung widersprechend ist, kann nichts erweisen und nichts widerlegen. Ich leugne zwar diesen Ertrag in einzelnen Jahren nicht ab, aber in drei Jahren nach einander ohne Düngung und ohne Brache, ohne brabantisches Rajolen, kann er nicht eintreten auf Boden, dem nur 140 Grad Kraft beizumessen wäre. Man muß wenigstens 240 für ihn annehmen, die er entweder durch gewaltige Düngung erhalten hat, oder von Natur, wie der Boden in einigen Theilen von Nieder-Ungarn, der Ukraine und Böhmen, besitzt, und dessen Kraft fast unermeßlich ist.

Nach der funfzehnten Bemerkung sollen die Wechselwirthe, um ihm und andern Ungläubigen den Staar zu stechen, gleich dem seel. Geh.

Rath v. Wolf in seinem Streite mit dem Minister Grafen von Herzberg durch Zeugenabhörung bewahrheitete Angaben und in rechtlicher Form beglaubigte Auszüge aus ihren Rechnungsbüchern herausgeben. Die Staaroperation möchte schwerlich jemand unternehmen; theils weil man sich keine Hoffnung zum glücklichen Erfolge der Kur machen kann, indem das Uebel nicht in seinem äußern, sondern in seinem innern Seheorgan (eigentlich in seinem Willen, blind seyn zu wollen) lieget; theils weil des Hrn. K. R. Zimmermanns Sehen oder Nichtsehen den Wechselwirthen zu gleichgültig ist, um sich diesen Weitläuftigkeiten und allen damit verbundenen Bedenklichkeiten zu unterziehen. Der seel. Wolf hielt es für nöthig, auf das hiesige (Berliner) Publikum gegen den Gr. Herzberg durch eine solche Formalität Eindruck zu machen. Aber das Publikum lächelte nur darüber und um der gerichtlichen Abhörungen willen, glaubte niemand eine Sylbe mehr, als er ohne sie geglaubt hätte. Lebte der treffliche Mann noch, so wäre er vielleicht im Stande, sich des Hrn. Zimmermanns zu erbarmen, und ihn durch eine ähnliche Procedur zum Glauben an Kartoffeln und rothem Kleebau zu bringen; da in der Regel auf den Haselbergschen Gütern 5- bis 600 Winspel

Kartoffeln gebauet und gegen 200 podolische Ochsen jährlich damit gemästet werden; und dann zum Glauben an die Wechselwirthschaft, die nach dem Plane des seel. Mannes eingeführt werden sollte, und jetzt auf dem Hauptvorwerke ausgeführt ist. Einen andern Wechselwirth kenne ich nicht, der sich dazu hergeben würde; und was mich betrifft, so habe ich schon oben in einer Anmerkung gesagt, daß ich die Thatsachen, welche ich angebe, durch die Mitglieder meines Instituts stärker beglaubigt halte, als durch die gerichtliche Abhörung von Schreibern und Ackervoigten.

Wenn Hr. Zimmermann keine Wechselwirthschaft kennt, oder kennen will, so thut mir das leid um seinetwillen. Jedermann in der Preuß. Monarchie, der sie hat kennen lernen wollen, kennt sie. Eine Liste von 5 bis 6 Seiten mit Namen von Wechselwirthen hierher zu setzen, habe ich keinen Beruf. Ich müßte besorgen, einige derselben, die lieber im Stillen fortschreiten (wie auch die Landwirthe in Mecklenburg vor 60 Jahren bei der Einführung der Koppelwirthschaft thaten) dadurch zu beleidigen, daß ich sie nennte, und andern dadurch, daß ich sie übergangen hätte. Ich weiß nicht, wie ein jeder darüber denkt, zumal in den jetzigen Zeiten. Endlich dürfte ich auch nicht hoffen, Hrn. Zimmermann nach dem, was er verlangt, mit irgend einer zu befriedigen; denn er sagt S. 79 und 80: „eine solche Wirthschaft müsse sowohl von Anfang an, als auch während ihrer Dauer, von aller Beihülfe frei seyn, weder vom Gute aus, noch auswärts her, eine fremde Unterstützung erhalten: wenigstens müsse die Wirkung davon bei der Würdigung der Wechselwirthschaft in Abrechnung kommen, indem sie keine Folge der Wechselwirthschaft ist, und eine jede andre Art von Wirthschaft aufhelfen kann. Der Einfluß einer solchen fremden Aushülfe erstrecke sich auf viele, selbst auf zwölf und mehrere Jahre hinaus, man könne also während dieses ganzen Zeitraums die dadurch aufgeholfne Ländereien überall nicht als Beläge anführen, man müsse denn diese fremde Kraft wiederum in Abrechnung bringen. „Aber wie, setzt er hinzu, kann man dieses mit einiger Gewißheit thun?" Nein, ich gestehe es aufrichtig, eine solche Wirthschaft kann ich ihm nicht aufweisen — denn in der Forderung liegt eine Absurdität, d. h. ein Widerspruch in sich selbst. Nur ein energischer Wirth kann Wechselwirthschaft einführen, ein solcher aber wird keine Hülfsquellen unbenutzt lassen, und es wird kein Gut geben, wo nicht Hülfsquellen, die mit der eigentlichen Wechselwirthschaft nichts zu thun haben, aufzufinden wären. Die Juelsche Wirthschaft auf Thorseng erklärt Hr. Zimmermann hier nochmals für null und nichtig; denn sie gebraucht Auswurf des Meers, den Tang. Von der Mögliner kann gar nicht die Rede seyn; denn sie hat 150 Fuder Heu in einem Jahre aus Königshoff erhalten. Nun war zwar Königshoff der einzige Wiesewachs für Mögelin, und gehörte in sofern zum Gute; aber eine Wechselwirthschaft soll auch in ihrem Uebergange überall keinen Wiesewachs haben. Und überdem komme ich der dortigen Wirthschaft noch jährlich mit Modder und Mergel — den eigentlichen Wechselwirthschaft-Schlägen zwar nicht, aber den Aussenschlägen — zu Hülfe, habe auch einmal Waldstreu u. s. f. sammeln lassen. Ein jeder, der, zumal auf ausgesogenem Boden, in die Wechselwirthschaft übergehen will, wird alle Kräfte anstrengen, durch die Anwendung jedes Düngersurrogats, dem Boden erst aufzuhelfen, um schnell in den Stand zu kommen, wo die Wechselwirthschaft ihren Düngerbedarf selbst produziren kann. Aber dann ist ja der Grund durch fremde Hülfe gelegt, und dieser, das muß man bekennen, ist nicht nur zwölf

Jahre,

Jahre, sondern ewig fortwirkend, wenn man auf die Krafterhaltung und Vermehrung gehörig denkt. Auch bessere Ackerbestellung durch bessere Ackergeräthe soll nicht gelten. Also eine solche reine Wechselwirthschaft, wie Hr. Zimmermann sie fordert, ist nicht vorhanden; denn die Wechselwirthe sind — keine Narren.

In der siebzehnten Bemerkung vertheidigt sich Hr. Zimmermann dagegen, daß man ihn für einen Anhänger der Dreifelderwirthschaft halte. Er glaube nur, daß sie unter gewissen Verhältnissen bestehen könne. Er mag sich mit mir trösten. Denn auch mir haben es manche vorgeworfen, daß ich viel zu viel Gutes von der Dreifelderwirthschaft gesagt habe in meiner rationellen Landwirthschaft. Ich habe aber seit jeher so darüber gedacht, wie ich jetzt darüber denke, habe sie sogar bei gewissen Lokalitäten örtlich für die möglich beste erklärt, und manchen gerathen, dabei zu bleiben. Nur absolute ist sie nicht die beste, und nicht in der Mehrheit der Fälle, ihre Beibehaltung selten von der Natur, öfter von fehlerhaften menschlichen Einrichtungen abhängig, und ihre Allgemeinheit, ihre Einzigkeit ist es, wogegen ich mich empört habe.

In der achtzehnten Bemerkung kommen theils so viele sich von selbst verstehende Gemeinsätze, theils so viele Allotria vor, daß sich gar nicht darüber reden läßt. Er bietet endlich seine Güter gegen eine Abgabe von 26045 Schfl. Rokken jährlich den Wechselwirthen an, um einen Versuch darauf zu machen, und zwar auf 25 Jahre und mit genügender Sicherheit gegen Deteriorationen, damit er nicht genöthigt werde, das goldne Pächter = A B C herzubeten. Ich zweifle beinah, daß ein Wechselwirth sich dazu entschließen werde aus mehreren Gründen, besonders aber, weil Hr. Zimmermann dann sagen würde, mein Gut war in solchem Stande und in solcher Kraft, daß es gar keine Kunst war, eine Wechselwirthschaft darauf zu betreiben, und der glückliche Erfolg derselben hängt lediglich von meiner guten Bewirthschaftung ab! Auch würde ja der Wechselwirth das Heu von den vielen Wiesen benutzen. — Ueber die Schaafe habe ich mich schon erklärt.

In der neunzehnten Bemerkung leuchtet seine Absicht, sich unter dem Pöbel der Landwirthe eine Partei gegen mich zu machen, am deutlichsten hervor. Er sagt nämlich: „ich habe „alle Pächter für Aussauger und gewissermaßen „für Betrüger erklärt, und gebe ihnen ein soge-

„nanntes güldnes A B C, eine förmliche Anwei„sung zur Deterioration der Güter, und zum „Betrügen der Verpächter. Ob und wiefern es „schicklich sey, fügt er hinzu, eine ganze Klasse „von Staatsbürgern, worunter es viele würdige „verdiente und rechtliche Männer giebt, welche „mit Aufopferung ihres eignen Vermögens die „gepachteten Güter aufzuhelfen suchen, ob und „in wiefern es schicklich sey, selbige im Allgemei„nen für schlechte Menschen zu erklären, und ob „und in wiefern ein solcher persönlicher Ausfall „in einem Lehrbuche über die Landwirthschaft, „welches doch wohl mit für die Pächter geschrie„ben ist, eine Stelle verdiene? lasse ich dahin ge„stellt seyn." Ich sage in der rationellen Landwirthschaft Bd. I. S. 82., ungeachtet es sich von selbst verstand, mit ausgezeichneter Schrift: daß von Pächtern die Rede sey, welche sich über die Pflichten eines ehrlichen Mannes einmal weggesetzt hätten, und S. 85. daß es Pächter gebe, deren bekannter persönlicher Charakter den Gutsbesitzer genugsam sichern könne, daß sie Maximen dieser Art nie befolgen würden; ja man treffe solche, die von der Idee der möglichst vollkommensten Wirthschaft so lebendig ergriffen sind, daß sie derselben sogar ihren baaren

Gewinn aufopfern würden, wenn sie nur mit Wahrscheinlichkeit in der Ausführung derselben gesichert wären. Die Tendenz dieses goldnen A B C, wo ich die Pächterkniffe kurz mit grellen Farben dargestellt habe, geht offenbar dahin, solche, die in ihren Grundsätzen der Rechtlichkeit noch schwanken, durch das ihnen vorgehaltene Bild abzuschrecken; theils dahin, den Gutsbesitzern zu zeigen, was sie zu erwarten haben, wenn sie nicht auf die Denkungsart der Pächter, sondern nur auf das Meistgebot Rücksicht nehmen. Das hat wohl, außer Herr Zimmermann, kein Mensch verkannt. Wenn er sich unter jener Klasse, die sich über die Pflichten des rechtlichen Mannes weggesetzt hat, und die leider! sehr zahlreich ist, seine Waffengefährten und Schildknappen gegen mich anziehen will, so gönne ich ihm das recht gern. Ich bin genugsam gegen die Angriffe solcher Leute gedeckt; die sie etwa in irgend ein Journal gegen mich einrücken zu lassen, nicht verfehlen werden.

Er giebt aber ferner ein kürzeres A B C zur Deterioration eines Guts in drei Regeln an, wovon die erste heißt: „Führe Wechselwirthschaft „nach Hrn. Th. Vorschriften ein. Der damit „verbundene Kartoffelbau ist der geradeste Weg

„zur Deterioration." Und nun geht die alte Leyer über den Kartoffelbau S. 95. von vorne wieder an.

Die zweite Regel ist: „Gieb den Tagelöhnern „$\frac{1}{9}$ Schfl. Rocken Tagelohn."

Nichts, sagt man, ist so schlecht, daß es nicht irgend wozu dienen könne. Deshalb will ich denn auch diese Gelegenheit wahrnehmen, um mich über einen allgemein passenden Ansatz der gewöhnlichen unangestrengten Tagesarbeit nach den bei uns gemeinsten Nahrungsmitteln zu erklären.

Ich hatte vorher immer den Werth von $\frac{1}{8}$ Schfl. Rocken als einen solchen Tagelohn angenommen, wie meine früheren Schüler sich erinnern werden. Wie aber der Scheffel Rocken schon lange über 3 rthlr., nachher 4 bis 5 rthlr. galt, und der Tagelohn zwischen 6 und 8 gr. blieb, in der Ernte höchstens auf 10 gr. stieg, hielten viele Oekonomen von großer Umsicht, mit denen ich darüber bei der Herausgabe des 1sten Bandes sprach, den Ansatz für zu hoch. Einige glaubten $\frac{1}{12}$ Schfl. Rocken sey genug, weil der Tagelöhner wirklich nicht mehr bekomme; die meisten stimmten für $\frac{1}{10}$, und ich ließ mich durch die angeführten Gründe bewegen, $\frac{1}{9}$ zu setzen. Denn man sahe ja, daß die Tagelöhner recht gut dabei bestanden; ihre Kartoffeln uud ihr Nebenverdienst in den Feierstunden, ihre emsige Akkordarbeit und die Drescherhebe halfen sie aus. Indessen fand ich doch bald, wenn ich Rücksicht auf die Sätze des Arbeitslohns im Allgemeinen bei verschiedenen Nationen und zu verschiedenen Zeiten nahm, daß $\frac{1}{8}$ Schfl. der Wahrheit näher komme, und so änderte ich den Satz, sobald es thunlich war, wieder ab. Ich habe aber bestimmt gesagt, daß dies nur der Lohn für eine gewöhnliche unangestrengte Tagelöhnerarbeit von höchstens 10 Stunden sey. Wenn ein Arbeiter fleißig und in Verding arbeitet, kann er sich allerdings das doppelte verdienen, und die Arbeit kommt doch wohlfeiler zu stehen.

Die dritte Regel ist: „Schaffe dir das bekannte Buch Gaunerlist und Gaunerränke an, „und mache dir die darin aufgedeckten Ränke und „Kniffe bekannt!!!" Steht auch etwas von Kniffen, die bei Streitschriften anzuwenden sind, darin?

In der zwanzigsten Bemerkung wiederholt der Herr Verfasser nochmals, was er schon mehrere Male gesagt hatte mit einigen Zusätzen. Ungeachtet ich es ihm auch größtentheils schon beantwortet habe, so muß ich nun doch seiner Redseligkeit nach. Er sagt S. 98.: „Beim Schluß meines Bedenkens habe ich aus den darin aufgestellten Zweifels-Gründen, die allgemeine Folgerung abstrahirt, daß die angerühmten Vortheile der Wechselwirthschaft noch lange nicht aufs Reine sind, und daß es annoch zu voreilig sey, wenn man diese neue Lehre ohne alle Beschreibung, für das einträglichste und vortheilhafteste Ackersystem ausgiebt, und dagegen alle andre Wirthschaftsarten verwirft und auszurotten sucht."

Letzteres habe ich nie gethan, und nie gesagt, vielmehr sehr oft erklärt, die gewöhnlich sogenannte Wechselwirthschaft sey durch Umstände und Verhältnisse bedingt. Ich habe nur empfohlen die Regel des Fruchtwechsels, so viel es die Verhältnisse jeder Wirthschaft zuließen, zu beobachten. Sobald man sich unter Ackersystem einen Leisten denkt, habe ich mich gegen alle Ackersysteme häufig erklärt. Ich habe das Wort Wechselwirthschaft in diesem Sinne nicht eher gebraucht, als nachdem es, aller meiner Protestationen ungeachtet, allgemein angenommen war, und dann noch immer darauf bestanden, daß es auch Fruchtwechsel bei Weidewirthschaften geben könne. In der rationellen Landwirthschaft habe ich die mannigfaltigen Ackerrotationen in gewisse

Klassen zu ordnen und ihre Verhältnisse gegen einander darzustellen gesucht. Auf einem hypothetisch angenommenen Gute, worauf die Einführung einer jeden nichts entgegenstand — wie es deren, zumal im nordöstlichen Deutschlande, sehr viel giebt — habe ich die Erfolge tabellarisch aufgestellt, welche jede der angenommenen — denn alle mögliche aufzuführen wäre ins Unendliche gegangen — haben wird, nachdem sie einmal ihren Umlauf durchgemacht haben, und im zweiten begriffen ist. Auf diese tabellarische Darstellung muß Hr. Zimmermann wahrscheinlich hinzielen — ich wüßte wenigstens nicht, worauf sonst, obgleich der Vortheil des guten Fruchtwechsels keinesweges daraus allein erwiesen, sondern nur erläutert werden soll — wenn er S. 99. sagt: „Nachdem nun aber der Hr. St. R. Thaer die „wichtigsten Stützen dieser seiner neuen Wirth„schaftsmethode, welche wir nach dem Namen „ihres Erfinders oder Restaurators, immerhin „die Thaersche nennen wollen, wenn er gleich da„gegen — wahrscheinlich aus zu großer Beschei„denheit — förmlich protestiret, selber für unhalt„bar und morsch erkläret hat: nehme ich keinen „Anstand mehr, selbige hiemit öffentlich für eine „unhaltbare und trügliche Chimäre zu erklären.

„Wenigstens verdienen alle diejenigen Voraus-
„setzungen dieses neuen Systems diesen Namen,
„welche man vordem zur Begründung und Unter-
„stützung desselben aufgestellet hat, in den neue-
„sten Werken des Hrn. St. R. Thaer aber sel-
„ber für unrichtig und falsch erkläret worden sind.
„Er sagt es selber: es bedarf also weiter keines
„Beweises. Die Hauptbasis dieses neuen Sy-
„stems ist die behauptete große Vermehrung des
„Düngers oder der Kraft des Ackers: wie sehr
„es mit selbiger nach dem neueren Glaubensbe-
„kenntniß des Hrn. St. R. zum Abschlag kommt,
„mag folgende kurze Vergleichung der Resultate
„der älteren Behauptungen der Schule der Wech-
„selwirthschaft und der neueren Grundsätze des
„Hrn. St. R. bei dem einmal zum Beispiel ge-
„wählten Normalgut von 900 Magd. Mor-
„gen anschaulich machen und beweisen. Nach
„dem ältern System der Wechselwirthschaft sol-
„len diese 900 M. M. einen jährlichen Dünger-
„ertrag gewähren, von — 1450 Fudern. Nach
„dem jüngsten Glaubensbekenntniß erleidet selbi-
„ger aber, in Hinsicht der anderen älteren Wirth-
„schaftsarten, folgende Ermäßigung." Der V.
hat hier sein Normalgut und seine Dünger-
berechnung im Sinne, wie er sie in seinem Be-

denken über die Wechselwirthschaft angenommen hatte. Ich will auch hier den V. des oft erwähnten Aufsatzes in der Ceres antworten lassen, da er sich die Mühe gegeben hat, jene verworrene Darstellung zu analysiren, und setze, damit man doch hier die Hauptaktenstücke neben einander habe, die darauf Bezug habende Stelle aus dieser Schrift ganz her.

„Der Verfasser findet es annoch problematisch, ob die Wechselwirthschaft so viel Dünger producire, als man gewöhnlich annimmt. Sie hat am Winterstroh einen Ausfall, den er zu $\frac{1}{5}$ angeschlagen haben will. Auch geben die Hackfrüchte nach den Gerickschen neuen Versuchen lange nicht so viel Dünger, als man bis dahin angenommen hat. Um zu zeigen, daß die älteren Wirthschaftsarten der Wechselwirthschaft in der Düngerproduktion nicht nur gleich kommen, sondern daß nota bene die Dreifelderwirthschaft sie sogar übertreffe, stellt er eine Vergleichung an zwischen dem Düngergewinn von 900 Morgen in der ersten und in der letzten Wirthschaft. Dieser Vergleichsanschlag ist einzig in seiner Art, und verdient genau beachtet zu werden."

„Wenn diese 900 Morgen, wie der Verfasser voraussetzt, in einer 9feldrigen Wechselwirthschaft betrieben werden, so geben sie nach seiner Annahme

a. von 100 M. Wicken	à 1600 Pf.	=	160000 Pf.
b. von 200 M Wintergetreide	à 1600 Pf.	=	320000 Pf.
c. von 300 M. Sommergetr	à 1200 Pf.	=	360000 Pf.
			840000 Pf.

„Vermehrt man selbige mit $2\frac{1}{2}$, so erhält man 2100000 Pf. Dünger, oder 1050 Fuder."

„Dazu rechnet er noch von 3000 Scheffel Kartoffeln und 9900 Scheffel Rüben 302 Fuder, also in Allem = 1451 Fuder."

„Die Dreifelderwirthschaft würde bei einer guten Kultur geben

a. von 300 M. Wintergetreide	à 1600 Pf.	=	480000 Pf.
b. von 300 M. Sommergetreide	à 1200 Pf.	=	360000 Pf.
c. von 30 M. Erbsen u. Wicken	à 1600 Pf.	=	48000 Pf.
			888000 Pf,

ebenfalls mit $2\frac{1}{2}$ vermehrt, 1110 Fuder."

„Dazu rechnet er noch die Wirkung der Brache, gleich einer Düngermasse von 375 Fudern, und den Hürdeschlag von 400 Schaafen zu 60 Fuder. Auf diese Weise bringt er 1545 Fuder zusammen, und es ergiebt sich also ein Ueberschuß von beinahe 100 Fuder, sage hundert Fuder Dünger, zu Gunsten der verachteten und verrufenen Dreifelderwirthschaft."

„Noch einmal, ihr blinden Engländer, und ihr, blinde Nachfolger derselben, deutsche Wechselwirthe! werden euch die Augen noch nicht aufgehen?"

„Jetzt einige Bemerkungen über diesen Anschlag."

„Erstlich haben wir die Frage an den Verfasser zu thun: ob diese 900 Morgen anzusehen sind als der ganze Inhalt des zu einem Guthe gehörigen urbaren Bodens, so daß außer Gärten und etwa einigen Wiesenflecken, welche nicht in Betracht kommen, auf keine weiteren Bestandtheile an Weiden und Wiesen gerechnet wird?"

„Antwortet er uns: dieß sey allerdings seine Voraussetzung, so gerathen wir auf einen gar sonderbaren Fall. In einer neunfeldrigen Wechselwirthschaft bleiben uns nach des Verfassers Annahme 200 Morgen zum Sommerfutter für das Vieh übrig. Es giebt da 500 Morgen zu Getreide, 100 Morgen zu Wickenheu, 100 Morgen zu Hackfrüchten. Auf 200 Morgen kann also Klee oder Gras zur Stallfütterung, oder zur Weide wachsen, womit das Vieh für den Sommer ernährt ist. Wie kommen wir aber mit dieser Voraussetzung bei der Dreifelderwirthschaft zu rechte? Es giebt da 300 Morgen Winterkorn, 300 Morgen Sommerkorn und 300 Morgen reine Braache, mit

Ausnahme von 30 Morgen, welche mit Erbsen besäet sind. Durch 400 Schaafe, welche auf der Braache jeden eben hervorkeimenden Grashalm in Beschlag genommen haben, ist den Kühen die Aussicht abgeschnitten, vom Sommerfutter nur irgend etwas zu kosten. Sie werden, die Stoppelweide im Herbste abgerechnet, Jahr aus Jahr ein trocknes Stroh fressen müssen. Ob wohl dergleichen jemals versucht worden ist? Ich zweifle. Will der Verfasser den Versuch machen, so wird er uns gefälligst nach einigen Jahren sagen, wie sich seine Kühe bei dieser Behandlung befanden, und wie viele ihr Leben bis in das zweite oder dritte Jahr gebracht haben; wie es mit der Zuzucht, dem Milchertrage und manchen anderen Dingen steht, auf welche man, bei seinem Viehstapel, Rücksicht zu nehmen pflegt."

„Doch die Voraussetzung ist zu ungereimt, als daß wir uns länger dabei aufhalten sollten. Will er durchaus auf diesen 900 Morgen Dreifelderwirthschaft mit reiner Braache treiben, so bleibt nichts übrig, als daß er wenigstens 300 Morgen absondert, und zu grünem Futter, Wiesen und Weiden liegen läßt. Es bleiben ihm dann also nur $\frac{2}{3}$ oder 600 Morgen, auf welchen er nach Gefallen in drei Feldern wirthschaften kann, und wenn sein Boden nicht gar zu schlecht ist, so läßt sich annehmen, daß er den angenommenen Ertrag à 1600 Pf. Winterstroh und à 1200 Pf. Sommerstroh per Morgen fernerweit erhalten kann. Wie weit er nun seine angenommene Düngermasse von 1545 Fudern bei dieser nothwendig gewordenen Reduction auf $\frac{2}{3}$ Ackerfläche annoch ermäßigen will, dafür lassen wir ihn selbst sorgen."

„Sollte er aber auf die obige Frage etwa die Antwort geben: Unter den 900 Morgen verstehe er bloß die cultivirte Ackerfläche, und er setzte dabei so viel Weiden und Wiesen voraus, als nöthig sind, um das zur Bewirthschaftung in drei Feldern unumgänglich nothwendige Rindvieh wenigstens nothdürftig im Sommer und Winter zu ernähren, so ist dabei Folgendes zu bedenken."

„Unter dieser Voraussetzung hat er der Wechselwirthschaft schreiendes Unrecht gethan. Wenn diese nämlich jene 200 Morgen nicht zur Weide und zum Sommerfutter für das Vieh braucht, weil sie dergleichen außerdem hat, so wird sie so viel mehr Vieh halten, und so viel mehr Dünger produciren können. Rechnen wir den Ertrag eines solchen Morgens Viehfutter, es sey nun rother Klee oder ein anderes Futterkraut, nur auf 1600 Pf. (so hoch rechnet der Verfasser nämlich den Ertrag an Wickenheu), so producirt diese Wirthschaft nach seinen zum Grunde gelegten Sätzen 400 Fuder Dünger mehr, als er ihr in Rechnung bringt."

„Dieser Fall tritt auch ein, wenn der Wechselwirth, seinem Systeme gemäß, das bisher zur Weide gelegene Land unter den Pflug nimmt. Er vergrößert um eben so viel seine Ackerfläche, bauet mehr Stroh, mehr Viehfutter, mehr Hackfrüchte, und producirt also auch mehr Dünger."

„Ohne nun mit dem Verfasser darüber zu streiten, daß er zum Nachtheile der Wechselwirthschaft immer die niedrigsten Sätze, z. E. bei dem Strohertrage derselben, und bei dem aus den Hackfrüchten gewonnenen Dünger, annimmt, so leuchtet doch selbst dann, wenn wir ihm alle diese und andere willkührliche Annahmen gehen lassen, klar in die Augen, daß der Wechselwirthschaft noch 400 Fuder zu Gute kommen und ihr Düngergewinn auf 1851 Fuder gesetzt werden muß, während die Dreifelderwirthschaft unter des Verfassers Voraussetzungen nur 1170 Fuder aufbringt, wenn wir ihr die 375 Fuder, welche als Wirkung der Braache figuriren, wie billig, streichen. Der Grund ist klar. Es ist vom Düngergewinn und von nichts Anderm die Rede. So lange nur gefragt wird, wie viel Fuder Dünger producirt eine gegebene Wirthschaft? so lange darf auch in der Antwort von nichts Anderm als von Düngerfudern die Rede seyn. Eine andere Frage ist aber die: ob diese Wirthschaft bei der angegebenen Düngerquantität bestehen kann? und bei der so gestellten Frage kommt es allerdings sehr in Betracht, ob man reine Braache hält oder nicht. Davon ist aber hier keine Rede."

„Das Resultat von Allem diesen ist nun, wie folget. Ein Guth von 900 Morgen Flächeninhalt, nach den Grundsätzen der Wechselwirthschaft behandelt, kann, ohne alle fremde Hülfe, nicht nur bestehen, vorausgesetzt, daß der Boden gut ist, sondern muß sich nachhaltig verbessern. Geben wir ihm auch nur 1500 Fuder Mist für die ersten Jahre, so erhält der Morgen in 9 Jahren 15 Fuder guten Mist, wobei er in diesem Zeitraume 1 Hackfrucht, 4 Halmfrüchte, 1 Schotengewächs und 3 Futterernten giebt. Es bedarf doch keines Beweises, daß die Düngermasse nach Verlauf der ersten 9 Jahre sich nicht vermindert, sondern wenigstens um 3 Fuder per Morgen vermehrt haben muß, wenn nämlich alles gewonnene Futter, wie vorausgesetzt wird, dem Viehe gehörig zu Gute gekommen ist."

„Dasselbe Gut von 900 Morgen Ackerfläche kann ohne fremde Beihülfe in drei Feldern gar nicht bewirthschaftet werden. Gesetzt den Fall, es würde versucht, und man hätte sich auf irgend eine Weise 1200 Fuder Dünger verschafft, so wird man den Morgen in der Braache mit 4 Fuder abspeisen müssen. Schlage nun meinetwegen Jemand den Einfluß der Braache noch so hoch an, so wird er allenfalls im Winterfelde den Strohertrag von 1600 Pf. gewinnen, aber sicher nicht 1200 Pf. in dem darauf folgenden Sommerfelde. Sey dieser Abschlag aber auch nicht sehr bedeutend, so wird er doch im zweiten Jahre schon etwas weniger Strohmist auffahren. Die Strohernte wird dadurch wieder um etwas gemindert, und er wird im dritten Jahre noch weniger Strohmist auffahren können. So geht es mit jedem Jahre tiefer hinunter, und wenn der Boden nicht ganz vorzüglich ist, so wird es mit dieser saubern Wirthschaft bald so weit kommen, daß sie nicht die Hälfte Dünger mehr producirt, und daß sie einige Triennien weiter die Kosten der Unterhaltung nicht mehr abwirft."

„Nimmt man aber ein Gut von 900 Morgen Ackerland mit etwa 300 Morgen Weide, und 150 Morgen Wiesewachs versehen, so läßt sich sehr wohl denken, daß dasselbe, in drei Feldern mit reiner Braache bewirthschaftet, bei dem angenommenen Strohertrage sich erhalten, ja sogar sich nachhaltig verbessern kann."

„Will man diese Dreifelderwirthschaft mit der Wechselwirthschaft in Vergleich stellen, so muß man ihr jene 300 Morgen Weide und jene 150 Morgen Wiesewachs ebenfalls zu Gute rechnen, und die Bedingung gelten lassen, unter welcher überhaupt von einer solchen Wirthschaft die Rede seyn kann, das heißt: man muß ihr einräumen, daß sie jene 300 Morgen Weide in Cultur setzt und in ihren Umlauf aufnimmt. Alsdann hat sie aber 1200 Morgen in Arbeit, und jeder Schlag, wenn sie in 9 Feldern wirthschaftet, enthält $133\frac{1}{3}$ Morgen. Ihr Produkt an Dünger wird also $\frac{1}{3}$ mehr seyn, und durch Hülfe der Wiesen wird diese Düngermasse noch beträchtlich erhöhet werden."

„Der Leser verzeihe diese Umständlichkeit. Es mag annoch problematisch bleiben, ob dieses Meisterstück von Vergleichung auf Rechnung der Unwissenheit oder des Vergnügens, Sand in die Augen zu streuen, gesetzt werden muß. Auf alle

Fälle hat es für ungeübte Augen einen gewissen Anstrich von Wahrheit. Es wird sogar Viele geben, die da wissen, daß Dreifelderwirthschaften auf gutem Boden bei nicht unbeträchtlicher Hülfe von Wiesen und Weiden, aus Mangel an Dünger, zu Grunde gegangen sind, die also zwar glauben, daß es mit der Rechnung des Verfassers nicht richtig seyn könne, aber doch nicht im Stande sind, sich klar zu machen, wo denn eigentlich der Betrug steckt. Allen diesen wird mit der hier vorgenommenen Auseinandersetzung gedient seyn. Die Anderen, für welche sie überflüssig ist, werden sie gütig übersehen."

Nun noch einiges über die Düngerberechnung aus Fütterung und Streustroh überhaupt, in sofern mich nämlich Hr. Zimmermann eines Schwankens meiner Meinung darüber beschuldigt. Ich habe mich sonst in den Annalen des Ackerbaues an mehreren Orten, besonders im XIten Bande Seite 329 — 370. noch ausführlicher als in der rationellen Landwirthschaft darüber erklärt. Es ist nicht meine Schuld, daß eine erst neuerlich zur Sprache gekommene Sache, die einzig und allein durch Versuche und möglichst genaue Beobachtungen ausgemittelt werden kann, wegen des etwas verschiedenen Resultats, den diese gegeben, noch nicht fest und zweifelsfrei bestimmt sey. Da ich an der Richtigkeit mancher Beobachtungen nicht zweifeln kann, deren Resultate merklich verschieden waren, so kann es wohl seyn, daß, außer dem verschiedenen Feuchtigkeits- und Gährungszustande des Mistes, noch einige Nebenumstände mitwirken, die noch nicht genugsam ausgemittelt sind. Die entschiedene Mehrheit der Beobachtungen stimmt noch immer für die Multiplikation mit 2,3; einige aber für eine höhere, andre für eine geringere. Bei dieser Lage der Sache habe ich nun, um das Resultat meiner tabellarisch aufgestellten Wirthschaftsberechnungen in der Hauptsache haltbar zu machen — die fortgesetzten Beobachtungen mögen entscheiden, wie sie wollen — den allergeringsten Satz der Düngervermehrung, den irgend ein Versuch oder eine Beobachtung gegeben, angenommen, ohne doch meine Meinung, daß er höher sey, aufzugeben. Ich habe geglaubt dadurch allen Einwürfen zuvorzukommen, da auch bei dieser geringen Annahme der Vorzug der futterbauenden Wirthschaften noch immer klar genug einleuchtet. Wegen dieser Nachgiebigkeit erklärt nun Herr Zimmermann alle

Stützen der Wechselwirthschaft für unhaltbar und morsch *).

Es möchte im Gegentheil die Haltbarkeit des Gebäudes beweisen, wenn die Stützen wegfallen können, und es dennoch fest und unerschütterlich steht, wie dies hier der Fall wäre. Auch stand es wirklich nach der Ueberzeugung aller Sachverständigen fest, bevor ich jener tabellarischen Berechnung erwähnt hatte.

Doch nur noch zu einzelnen Sätzen des Verf. die nicht schon speziell beantwortet sind.

Den Düngerertrag aus den Kartoffeln habe ich, um möglichst nachgiebig zu seyn, in den Tabellen auf die Hälfte ihres Gewichts angenom-

---

*) Die Vermehrung der trocknen Fütterung und Streu im Miste habe ich in den Tabellen nur auf das doppelte angesetzt. Ich that dies, weil unter einer großen Menge von Beobachtungen, die mir darüber zugeschickt waren, sich eine einzige fand, woraus nur eine Verdoppelung des Mistes hervorzugehen schien, und zwar in dem Augenblicke, wo diese Tabellen gedruckt werden sollten. Aus der angeführten Ursache bewog mich dies, eine Abänderung zu machen, und diese schnelle Abänderung ist Schuld, daß sich in den Tabellen mehrere Fehler eingeschlichen haben, die in einem Supplemente hinter dem 4ten Bande vollständig verbessert werden sollen, ungeachtet sie auf das Hauptresultat gar keinen merklichen Einfluß haben.

men. Daß dies immer weit unter dem wahren sey, darin stimmen alle Beobachtungen überein, und selbst die Gerickeschen Versuche (die zwar zu kurz und zu klein sind, um darauf etwas begründen zu können) geben ein weit höheres Resultat, ungeachtet nach der Meyerschen Formel dem Stroh ein zu großer Antheil an der Düngervermehrung beigemessen worden. Da immer die Ansicht verschieden seyn kann, ob man die Gewichtsvermehrung mehr dem Stroh als Auffangungsmittel, oder den Exkrementen des Viehes, woher sie eigentlich entspringt, beimessen solle, so muß auf die Kraft und sogenannte Fettigkeit des Düngers doch auch Rücksicht genommen werden, um seinen Werth und Wirksamkeit zu bestimmen. Wie sehr aber der Kartoffeldünger den aus trocknem Stroh und Heu erfolgten darin übertreffe, ist allgemein anerkannt, und jedermann, der dieses leugnete, würde in Gegenden, wie die meinige, wo eine starke Kartoffelmast getrieben wird, ausgelacht werden. Besonders interessant ist der Versuch, den Hr. Kähler in seinem angeführten Handbuche und im 12ten Bande der Annalen S. 228 u. f. erzählt (so wie dann überhaupt das, was er über Düngerproduktion sagt, hier nachgelesen zu werden verdient).

Von dem Düngerertrage der grün verfütterten Futtergewächse schweige ich allerdings in diesen Tabellen, da sie sämmtlich auf trocknes Futter reduzirt sind; doch ist es wahrscheinlich, daß der grün verfütterte Theil mehreren Dünger geben wird.

Alles übrige, was in dieser Bemerkung wiederholt worden, ist schon im vorhergehenden widerlegt. Das jämmerliche Geschwätz Seite 106 über die jungen Landwirthe, „die dem glänzen„den aber wäßrigen Meteor nachgeeilt, und ihr „Vermögen darüber eingebüßt, und über die, „welche noch darauf warten, Herr über das Ih„rige zu werden, um es ebenfalls in diese neue „Goldtinkur zu stecken,“ — kann höchstens auf alte Weiber Eindruck machen, und verdient keine Antwort.

So wie Hr. Zimmermann alles hervorsucht, womit er mich glaubt zerren zu können, so macht er es mir auch zum Vorwurfe der Voreiligkeit und des Leichtsinns, daß ich gesagt habe: man könne bei dem Verkauf der Preuß. Domainengüter sein Kapital bei einem geschickten und kräftigen Wirthschaftsbetriebe zu 15 Prozent anlegen. Ich glaube, daß ich eher zu wenig, als zuviel gesagt habe; selbst in dem jetzigen Augenblicke, wo durch die Menge der Käufer, die sich einfinden, der Verkaufspreis, besonders der gut gelegenen Güter schon gestiegen ist. Das will ich indessen nicht behaupten, daß ein jeder, der ein Domainengut geradezu, und ohne gehörige Umsicht kauft, es so vortheilhaft kaufen werde.

Daß nach der zweiundzwanzigsten Bemerkung der Verf. des ökonomischen Taschenbuchs nicht ganz recht habe, das, was ich über die den Boden erschöpfende Kraft rc. gesagt, so wie mehreres andre aus meiner ration. Landwirthschaft in Bruchstücken abdrucken zu lassen, darin stimme ich Hrn. Zimmermann völlig bei. Man muß dieses Werk durchaus ganz lesen und studieren, oder gar nichts daraus lesen; sonst bekommt man freilich nur verworrene und verleitende Ideen heraus. Die Leser, für welche ein solches Taschenbuch bestimmt seyn kann, und die Leser der rationellen Landwirthschaft, machen zwei ganz verschiedene Klassen aus.

Die Stunden welche ich zur Beantwortung dieser Schrift habe anwenden und anderen wichtigeren Geschäften entziehen müssen, gereuen mich zu sehr, als daß ich nicht den Vorsatz fassen sollte, mich weder mit Hrn. Zimmermann noch irgend einen andern, der mich auf eine ähnliche Weise anfiele, einzulassen. Insbesondere wird es mir widrig, über die verworrenen Begriffe von Wechselwirthschaft, die manche Leute hie und da aufgeschnappt haben, etwas zu sagen. Ich habe mich deutlich genug darüber erklärt, und meine Worte haben einen Eindruck gemacht, und eine Wirkung hervorgebracht, wie keine andre; denn sie waren bloß auf das was wir als Wahrheit in unsern jetzigen Standpunkt anerkennen müssen, begründet. Ich kann getrost mit Luther sagen:

Ists Gottes Wort, so wirds bestahn,
Ists Menschen-Wahn, wirds untergahn.

Das heißt in einer andern Sprache:

Opinionum commenta delet dies,
Naturae judicia confirmat.

Wer mich bisher nicht hat verstehen wollen, der wird es nimmermehr thun.

Dadurch will ich aber den in der Landwirthschaft rege gewordenen Untersuchungsgeist keinesweges unterdrücken. Ich werde vielmehr alle auf Erfahrung und Raisonnement begründete und klar entwickelte Widersprüche gegen meine Meinungen mit Vergnügen in diesen Annalen aufnehmen, und werde mich nach Würden darüber erklären. Ja! wenn ich in anderen Journalen etwas von der Art anträfe, würde ich es mit meinen Anmerkungen hier wieder abdrucken lassen. Denn das Ausziehen ist zu umständlich und zu unvollkommen; und es ist nicht zu erwarten, daß die Leser der Annalen alle andre jetzt herauskommende landwirthschaftliche Journale besitzen und lesen. Aber solchem Zeuge wie z. B. in Pohls Archiv der deutschen Landwirthschaft, Januar 1812 S. 15., von einem gewissen C. F. Werner steht, kann ich keinen Blick widmen. Die Leser dieses Archivs werden durch einen andern Aufsatz in demselben Stücke: der Fruchtwechsel auf dem Rittergute Trachenau von Sputh schadlos gehalten, dessen Verfahren bei Einführung des Fruchtwechsels original, und den Lokalverhältnissen sehr richtig angemessen ist.

MIX

Papier | Fördert gute Waldnutzung

FSC® C083411

Zeitfracht Medien GmbH
Ferdinand-Jühlke-Straße 7
99095 Erfurt, Deutschland
produktsicherheit@kolibri360.de